看见
又看不见的太空

太空

颜翔/编著

北京大学出版社
PEKING UNIVERSITY PRESS

前言

每个人心里都住着一个宇航员！

人类对于太空的向往，从古至今，历久弥新。很多人没想到，全球第一个尝试利用火箭飞天，也就是被称为"世界航天第一人"的，是一个600多年前的中国人，他叫陶成道，原名陶广义，是明朝的一位开国功臣，被朱元璋赐名"成道"，封赏"万户"，从此被人称为"万户"。

陶成道也是一名优秀的火器专家。1390 年，陶成道晚年时期的某一天，他把 47 枚火箭绑在一个蛇形座椅车上，双手各持一只大风筝，下令仆人点火，试图利用火箭的推力和风筝的升力飞起来。不幸的是，点火后不久火药即爆炸，车毁人亡。

　　这就是"万户飞天"的故事，也是人类最早一次有记载的火箭发射。20 世纪 70 年代，国际天文联合会将月球背面的一座环形山命名为万户"Wan Hoo"。

　　一直到 1961 年，人类才达成万户的遗愿。苏联宇航员尤里·阿列克谢耶维奇·加加林成为进入太空的第一人；2001 年，第一位太空旅客——美国富豪丹尼斯·蒂托进入国际空间站。

　　如今又过去了 20 年，截止到 2021 年 9 月 15 日，人类历史上仅有 581 人进入过太空，还包括一些并没有越过 100 千米卡门线的如维珍银河的创始人、英国富豪布兰森等人，他们去的亚轨道空间并非传统意义上的太空，但这并不重要，因为微重力环境的体验相差无几。

　　在上过太空的人群中，飞行员和科学家最多，其他非相关科学的工作者寥寥无几，大多是一掷千金的富豪，对于普通人来说，目前很难有机会接触到太空。

　　为什么人类进入太空那么难呢？因为上天这件事是人类科技发展史上一个最复杂的系统工程，它不仅包括了数学、物理、化学、生物、语言、艺术、体育等几乎所有的学科，还涵盖了机械、光学、力学、热学、电子学、软硬件集成、生产制造、计算机应用编程、材料学、3D 打印、通信、传统能源和新能源、生物基因技术、食品工程、量子物理、人工智能、大数据应用等几乎所有的专业领域和行业应用。

不夸张地说，你能想到的所有事物都能与航天扯上关系。有人把动物带上过太空，有人在太空舱种出了蔬菜，有人在国际空间站里举办奥运会，有人在中国空间站里吃粽子过节，有人在月球击打高尔夫球，有人在火星上造出氧气，有人在"灭霸"的故乡——土卫六上拍下了神奇的照片，还有 3 岁就立志要成为第一批去火星的地球人。

但是，上天真的太难了！一个国家往往举一国之力也很难做到一次摆脱地球引力的升天。有这样一些国家，在地球上的国土面积很小，经济可能也并不发达，但却付出很大代价去发展航天、培养人才、制造接触太空的机会。

例如，阿联酋于 2020 年 7 月率先发射了探测器"希望号"，成功进入火星轨道；又如，卢森堡这个"袖珍王国"，为了子孙后代能在未来的太空世界拥有一席之地，成为欧洲的商业航天"孵化器"；还有来自非洲的教师恩科洛索，甚至在 20 世纪 60 年代就训练过一支计划前往火星的宇航员队伍，试图帮助赞比亚这个世界上最不发达的国家之一实现他们的太空梦。

太空确实太有魅力了，你或许不清楚，地球的附近有无数颗富含铂金、黄金的小行星；你也许不了解，月球上的氦 −3 不但没有污染，而且用来发电可以供人类使用 1 万年以上；你大概不知道，贫瘠的火星曾经跟地球一样美丽而多彩；你可能不相信，天王星、海王星此刻正在下着倾盆的钻石雨；你恐怕没想到，太阳出生时还有个兄弟，太阳系的边缘或许还有一颗隐藏着的"第九行星"。

这梦幻般的宇宙中的一切已知或未知，如果要让更多的地球人来参与，就需要将人类的科技创新、经济发展和太空梦想紧密融合，通过太空商业的高速发展，持续不断地提供更高水平和更低成本的航天类服务，这就是更高维度的人类社会的文明和商业基础。

这些听上去都好遥远啊，难道广大的航天爱好者们只能以仰望星空的方式来终结自己的太空梦想吗？答案是，不会的！在未来的3~5年，每年将至少会有1万人获得进入太空的机会；10年以后，每年会有超过100万人能够有机会轻松地去感受太空的微重力环境；20年后，人类将有能力探索到太阳系的边缘，发现更多的宇宙秘密。

当然，早期的太空船票肯定会比较贵，就像最初的座机电话一样。但随着科技的发展和商业化的成熟，未来的太空游客们只需花费飞机票3~5倍的价格就能获得俯瞰蓝色地球的机会，当达到一定规模时，这个价格还有下降的空间。

在太空中，我们的衣食住行，所有的一切生活全都会与在地球上大不相同，如果是在月球、火星等外星球上，又会有什么样的故事发生呢？人类能否做到，在感受浩瀚宇宙的同时，也能兼顾到旅游体验和生活品质呢？这当然需要全人类全社会的共同进步和技术革新，但一切都是可实现的。

未来，我们在月球、火星上一定能像在地球上一样轻松自在，还能感受不一样的宇宙风光！

人类如何玩转月球？

火星可没那么简单

新天文之
故事精选

飞行器们的
朋友圈

走进大航天时代

结语

CHAPTER 01

人类如何玩转月球

月亮有无数古老和神秘的传说，
我们总是用最华美的辞藻来形容它。
确实，从人类看到这个天空中的发光物的那一刻起，
就被它深深地吸引住了，
无时无刻不想亲临这个如画般美丽的幻境之中，
但真实的月球又是什么样子的呢？

你真的了解月球吗?

终于有一天,当你真正能踏足月球之时,你会发现这颗星球没有想象中那么美丽动人,但无论如何,我们也要懂得欣赏它的美!

什么? 在月球上跳不起来?

月球与地球之间的平均距离约 384400 千米,这个距离大约是北京到上海的距离的 384 倍,如果你在这两个城市的航线上飞 384 次,理论上也就可以到达月球了。

按照体积计算,一个地球的肚子里可以装下足足 49 个月球,如果把地球看成一个篮球,那么月球大约只有一个乒乓球的大小。

在一个天平的左边放一个地球,右边就要放上 81 个月球才能达到平衡,因为月球的质量远不如地球。

月球上真的没有能飞起来的嫦娥仙子,但地球人去月球是不是能跳起来呢? 由于月球的引力只有地球的六分之一,据说,宇航员们在月球上只要轻轻一跳就能飞出好几米甚至十多米高，其实，这并不符合实际的情况。1969 年至 1972 年，有 12 名美国宇航员陆续登陆过月球，他们都穿着 80 多公斤的装备，连站立都很困难，走路都得是蹦蹦跳跳的，而且蹦得一点都不高。这样看来，宇航员"一蹦就能飞起来"这个说法，只是一个传说而已。

还有个残酷的事实，那个远远看上去很美的月球，其实是一个灰不溜秋，像水泥球一样的地方，上面覆盖着厚厚的尘土。没有磁场和大气层的月球，没办法像地球一样锁住空气和水分，它甚至比沙漠还要干燥很多倍。

嫦娥五号取回的月土明确告诉我们，月球上的土壤没有任何有机成分，种不了菜，更不可能长出桂花树。

"超级月亮"真的超级大吗？

我们平时看到的满月像一个白色的圆盘，偶尔会发出黄色的光。你可能不知道，在一些特殊的时间段内，在地球上还能观赏到一种名叫"超级月亮"的现象。

这个现象说的是在满月之时，月球正好位于近地点附近，因为观测距离近了，月球会比平时看起来要大 15% 左右，亮度提高了约 30%，但实际上月球一丁点都没有变大。可有了这个"变大增亮"的视觉效果，月球就被赋予了很多美好的寓意，也有了非常多的传说。

"超级月亮"现象每年会出现 4~6 次，在不同的季节和气候等条件下，颜色也会有稍微不同，有橙色、红色等。4 月的"超级月亮"被西方国家称为"粉月"，虽然叫这个名字，但月亮并不是真正的粉红色。"粉红月亮"这个名字来自北美地区 4 月常见的一种野生的粉色花朵"phlox"，它是春天第一批开放的花朵之一，中文译名叫作"福禄考"，原产于北美东部，也被人称为"粉红的苔藓"。如此说来，"粉红月亮"只是西方人的浪漫叫法而已。

图 1.1 "超级月亮"的"粉妆"效果图（实际上是红色和橙色） 来源：Noah Boyer

竟然还有"超级月亮航班"？

在 13000 米的高空，坐在波音 787 客机里，透过全世界飞机中最大的玻璃舷窗（高 47 厘米、宽 28 厘米）去观看"超级月亮"，同时伴随着月全食现象，全程近 3 个小时，飞行前还有个鸡尾酒会。

你肯定想不到，这样的服务最低的机票价格居然只要 499 澳元，仅相当于约 2350 元人民币。是的，这不是在做梦，这是饱受新冠肺炎疫情影响的澳大利亚航空，在 2021 年 5 月推出的一项前所未有的增值服务。

在 2021 年 5 月 26 日这一天，也就是年度最后一次"超级月亮"现象出现之时，一个名为"带我飞向超级月亮"的活动开始了。飞机从悉尼起飞，向东飞越太平洋，逐渐靠近"超级月亮"。恰好 2021 年的最大满月是跟月全食现象"组合出道"的，所以形成了一次罕见的双重天文现象。

只见夜空中的月亮逐渐变成了红铜色，人们甚至分不清这到底是月球还是火星。最后，飞机在空中停留了 2 个半小时后返回悉尼。令人羡慕的是，最贵的票价也只需要 1499 澳元，所以这个活动推上网站没多久，机票就售罄了。要知道，这样梦幻般的体验，如果不是疫情，价格翻上 10 倍也不为过啊！

图 1.2　超级月亮航班　来源：Dom Le Roy 拍摄

虽然月球是离地球最近的一颗星球，但是它的来历却一直扑朔迷离。从古至今，有各种关于月球诞生的学说产生，却几乎没有一个学说能被大多数人认可。

直到地球人登陆月球，取回了月球的样本后才发现，月球竟然不是地球"亲生"的。

月球是怎么诞生的？

1898 年，英国生物学家、生物进化论的创始人达尔文的儿子乔治·达尔文提出，月球本是地球身体的一部分，因地球的转速太快，把一部分物质抛到空中后，形成了月球，而遗留在地球上的大坑形成了太平洋，这就是"分裂说"。

而另一种假设则认为，月球本是一颗来自太阳系中的小行星，经过地球附近时，被地球引力俘获，最终变成了地球唯一的卫星，也就是现在的月球，这个说法叫作"俘获说"。

还有一个观点也比较流行，就是地球和月球都是来自太阳系中同一处的浮动星云，先后有两团聚集在这里的宇宙尘埃经过数亿年的旋转和吸积后，最终形成了一对临近的球体，以金属物质为核心的"哥哥"比以非金属物质为核心的"弟弟"聚集得早一点，转得快一点，当然也就大一些，后来它们变成了一对行星地球和卫星月球的组合，这就是"同源说"。

在这 3 个学说中，哪一个更接近真相呢？

月球竟然比地球老？

"俘获说"遭到了很多人的怀疑，像月球这么大的星球，地球真有那么大的力量能把它俘获吗？那地球为何到如今只有一颗卫星呢，按这个说法，应该还能够俘获一堆比月球更小的星体才对啊！

而"分裂说"是最不被认可的，大家认为以地球的自转速度根本无法将那样大的一部分物质甩出去。"同源说"也是疑点重重，需要太多巧合来解释。如果我们假设这些学说成立，那么地球和月球的主要成分应该基本相同吧？

果然，人们的怀疑得到了证实，无论是"同源说"还是"俘获说"，或是"分裂说"，都被一项切实的证据给否定了。

科学家把从月球带回的岩石和土壤进行了化验和分析后发现，月岩和月土的成分与地球的岩土差别非常大。更令人感到惊奇的是，大部分月球岩石的平均年龄比地球年龄还要大 8 亿~10 亿年。

目前最靠谱的"大碰撞说"

因为成功登月，人类获得了大量的证据，于是关于月球形成的三大理论几乎被直接推翻。而一个名叫"大碰撞说"的推测成了主流：大约45 亿年前，一颗名叫忒伊亚（Theia）的原行星撞上地球，当场粉碎，地球也遭受了重创，撞击所产生的大部分碎屑被溅入空中，在地球引力的作用下散布在环绕地球的轨道上，当时地球的样子应该像极了土星。

地球的"草帽环"上的那些碎块和尘埃通过数亿年不断的碰撞和吸积，聚合成了月球的雏形。后来不断出现的证据也在进一步证实着"大碰撞说"，比如地球自转和月球公转方向相同、月球的密度比地球低等。

　　目前，人类正在计划以更频繁和更直接的方式对月球进行探索，未来还会发现更多新的证据，或许也会产生关于月球诞生的新理论。

月球到底有没有用？

月球到底经历了什么？变成了灰不溜秋、坑坑洼洼和尘土飞扬的样子。但人不可貌相，星球也一样，月球看似没有太多的活力，但对于地球却非常重要，如果失去月球，世界将会怎样？

月球已死？死多久了？

一些科学家认为，月球是一颗接近死亡或早已死去的星球。他们的判断依据是什么呢？例如，月球上沉睡多年的火山，密密麻麻的陨石坑里铺满了松散的尘土。在月球上不仅看不到火山爆发，也没有云雨现象，更没有水的流动，几乎没有正常的星球应有的活跃，甚至还有人推算出月球的"死亡时间"大约是在 31 亿年前。

此外，月球还在进一步缩小，在过去的几亿年里，月球的半径因为身体的收缩至少已减少了 50 米。体积变小的同时，月球也在挤压变形，由于月球的外壳十分脆弱，这种收缩在月表形成了数千个楼梯式的悬崖状的断层带，这种断层的活动轻则会产生简单的震动，重则会引发剧烈的断裂。有些探测器曾记录到月球上有巨石滚落的现象发生，引发的震幅还不算小，这可能就是月球虽然看上去已经是"僵死"状态，却不断有轻微和持续的月震的原因。

2009 年，科研团队通过月球轨道器所拍摄的照片发现，月球最近的活动发生在 1 亿年以内，比之前预测的要晚了 10 亿年，这似乎证明月球没有像它表现得那么死气沉沉。但有学者给出了另外的解释，认为这种现象不过是发生在距今不到 1000 万年前的某个阶段，月球深处的岩浆产生的气体透过裂缝逸出，并偶尔喷发到了月球的表面上。比如在月球上，有一块名为"艾娜"、宽约 3 千米的月海斑块就是这样形成的。这名学者想说的是，类似"艾娜"形成这种情况，不过是月球上被动发生的一些现象，不能完全算是月球仍未"死亡"的证据。当然，"月球到底死没死"这个话题还会持续争论下去，但月球是"死"是"活"或许没有那么重要，毕竟它跟地球太近了，关系太紧密了，所以月球的故事从没因为它的可能"死亡"而沉寂过。

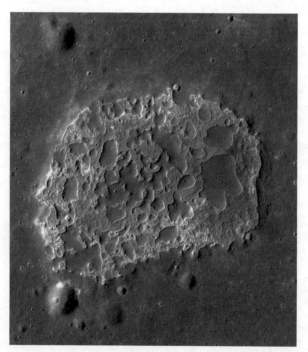

图 1.3　月球艾娜月坑　来源：NASA

【名词小百科：月海是指月球表面相对低洼的平原地区，在用肉眼观测月球时会看到一些暗色的斑块，这就是月海，目前月球上有 22 个月海。】

月球正在离开地球？

•••••✦••••

我们都知道，人类必须要保护地球。但是你知道吗？被很多科学家认为已经沉睡多年的月球同样需要被爱护！在进行"阿波罗 15 号"任务时，科学家们观测到，月球正在以每年 3.8 厘米的速度慢慢离开地球，有人认为月球或许有一天会脱离地球的引力。那么事实如何呢？

科学家们后来通过模型计算发现，月球并不会彻底脱离地球引力，到了一定距离和某个周期时，潮汐力的作用便不会让月球再远离地球了，而是又逐步向地球靠近。

原来是虚惊一场。我们都知道月球是地球唯一的卫星，但很多人并不清楚，月球其实也相当于整个地球生态的一部分，一直有"地球第八大洲"的叫法。比如月球对地球有潮汐作用，让海洋永远处于运动的状态；而地球对月球也有潮汐锁定作用，使月球总是把自己的一面正对着地球，这一面就被称为月球的正面，而另一面就是月球的背面，就好比我们把风筝放到空中后，因为风筝线的牵引作用，我们只能看到风筝的"肚子"，看不到它的"背"。

你可能想说，这不过是万有引力而已，难道失去了月球，会有什么影响吗？

月球到底有多重要？

•••••✦••••

其实，月球的重要性可能超出我们的想象。如果月球摆脱了地球，相应地，地球上的潮汐现象也就消失了，海洋会日趋平淡，先不说冲浪这种酷炫的运动玩不了了，所有依靠潮汐周期生存的生物，比如贝类、螃蟹、海星等也将会大量死亡，把它们当成食物的鸟类和其他动物当然都会受到影响。

一段时间后，某些生物可能就灭绝了，如果它在食物链和生态系统中的位置是不可替代的，那么必然会导致整个生态系统的紊乱，最坏的结果就是导致整条食物链崩溃。当然，月球如果失踪，对地球的气候也会造成巨大的影响。

以前，月球围绕着地球转动时阻挡的那些太阳辐射会回归，辐射同样会让地球产生变化并对人类造成伤害。可怕的是，当晚上没有皎洁的月光时，地球上的夜间植物就会大量衰败，比如"昙花一现"也将成为绝唱。

失去月球后，地球的倾角会变得不稳定，季节将发生错乱，直接影响到生产和生活及作息。月球曾帮助地球抵挡过很多次各种太空天体的撞击，从伤痕累累、坑坑洼洼的月球身体上可以看出，一旦失去月球，地球迟早也有满目疮痍的一天。

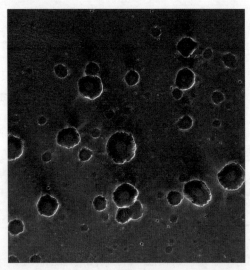

图 1.4 月球上的陨石撞击坑 来源：NASA/JPL/Malin Space Science Systems

月球异常的大秘密

••••🪐•••

你可能没想过，离地球最近时相距也有 30 多万千米的月球，居然能让地球人流离失所。

我们已经知道，地球上的潮汐现象主要是因月球的引力而起，但你可能还不知道，每隔 18.6 年，月球会完成一次摆动周期，因为轨道位置和作用力方向的变化，引力也会出现高潮和低潮，这个周期也被称为"月球停变期"。

这本来只是个自然现象，但根据 NASA 在 2021 年的一项最新研究表明，月球最近一次的"摆动"周期将与全球变暖导致的海平面上升现象相结合，到 2030 年左右会逐步达到顶峰，尤其是洪水事件会成群结队地出现，有些能持续一个月甚至更久的时间，沿海城市可能每天都要面对一次涨潮洪水的袭击。未来的 10 年，海边会越来越危险，早点做准备吧！

月球还藏着多少秘密？

月球从里到外还有很多的秘密，很少有人知道，这颗看似贫瘠的星球上居然蕴含着那么多地球上没有的物质。不管你信不信，月球都有可能是人类打开的第一个太空宝藏。

月壤里有惊天财富？

看似灰不溜秋的月球之上，其实有不少特有的矿藏和能源，如果能被有效地开采利用，会对人类的发展产生极其深远的影响。

根据目前的探测和统计，月球上已知的矿物有100多种，其中至少有5种是地球上所没有的。

值得一提的是，月壤中还含有地球上少见的氦-3，它是氦的同位素，地球上罕见，却在月球上储量巨大。它能在核聚变反应中释放出巨大的能量，却不产生放射性污染，被认为是"21世纪人类的完美能源"。

月球上能有这么多氦-3，主要是因为在过去的40多亿年的时间里，约有5亿吨氦-3粒子随着太阳风被打入了月球表层10~50米深的月壤内。

由于月球没有大气层和磁场，让大量的氦-3粒子能轻而易举地在月壤内"安营扎寨"，而地球上的氦-3则沿着地球磁力线在飞往南北极的过程中扩散至大气层中慢慢地消失了。根据科学家们的估算，月球上蕴藏的氦-3大约在500万吨，如果都用来发电，至少可供人类使用1万年。

月球上有些什么矿？

••••✦••••

除了氦-3，月球上还有一些丰富的矿产资源。比如在月球表层约5厘米厚的沙土中，居然含有上亿吨的铁矿，月球上可以说是遍布着氧化铁，非常便于开采和冶炼，只需把氧和铁分开就行了。在月球的月海中，玄武岩分布十分广泛，其中的钛铁矿（$FeTiO_3$）资源总量竟达到了约1500万亿吨。

你知道吗，钛铁矿是制造宇宙飞船等航天器时经常要使用的一种原材料。

另外，月球上还有很多稀有金属，储藏量比地球还要多。比如月球高地三大岩石类型之一的克里普岩中就富含钾、稀土元素和磷，还含有铀、钍等放射性的金属元素，可用作核燃料。

有专家计算过，月球上的岩石中所含的稀土元素、钍、铀的总量大概分别为6.7亿吨、8.4亿吨和3.6亿吨，听到这么庞大的数字，确实让人吓了一大跳！或许你也想到了，虽然月球看上去并不适合人类居住，但现在仍有那么多国家想要登月甚至建立月球基地，并不是没有原因的，月球的利用价值显然还不小，这里确实有个巨大的宝藏。看来，我们还得继续挖出更多秘密才行！

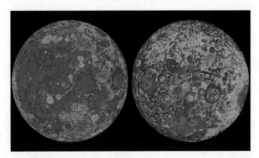

图 1.5　美国地质勘探局（USGS）发布的月球地质图　来源：NASA/GSFC/USGS

月球背面有个大秘密？

····🪐····

2019 年年初，嫦娥四号探测器携玉兔二号月球车着陆月球时，着陆点是人类从未去过的月球背面，而在这里有月球上最大也最有名的坑洞——位于南极艾托肯盆地的冯·卡门环形山。艾托肯盆地直径达到了2500 千米，深度有 13 千米，是太阳系内目前已知的最大、最古老的撞击坑。

美国阿波罗登月计划的前期阶段，曾对该区域进行过扫描，发现冯·卡门环形山附近的重力异常现象非常突出，具体表现为宇宙飞船会被拖拽到更低的轨道，或者飞船被推离预定的轨道高度。

于是，月球内部有外星人基地的传说不胫而走，而月球南极的那片黑暗区域就被当成了外星飞船的出入口。后来，美国发射了一对探测器，专门进行了一次全月球的引力测绘，结果表明：导致这个区域出现引力异常和复杂的地质活动的原因，可能是一次小行星的猛烈撞击。

后来，科学家们获得了越来越多的数据，这个推论又被进一步更新：艾托肯盆地可能存在一个小行星的墓地，大约 42 亿年前，一个巨大的小行星撞入了刚刚形成不久的月球，这个金属质地的天体，它的核心物质可能仍完好地保存在月球地下约 290 千米的深处，重量达到了惊人的 2100 多万亿吨，面积超过了 5 万平方千米，比 3 个北京的面积还要大。

月球深处也有宝藏？

····🪐····

如果月球下面确实存在一个超级金属大疙瘩，我们是否能够证实呢？按照人类目前的科技水平，即使是在地球上，也最多只能探索到地下约 12 千米，所以短期内人类根本没有能力深入月球 290 千米的地方去一探究竟。对于那个隐藏在艾托肯盆地下面的巨大金属块，虽然不能完全排除有高级文明的可能性，但还是可以用已知的自然规律来解释这个神秘的现象。

有人认为，小行星墓地里的物质主要由铁和镍组成，与地球的核心成分相似，小行星撞击后，铁和镍在高温作用下被深埋到了月球地下。也有一部分科学家认为这些金属可能来源于 45 亿年前的那颗火星大小的名叫"忒伊亚"的远古行星，它重重地撞上了远古时期的地球，部分身体的碎块被弹回了空中，逐步形成了月球，在月球的内部温度冷却下来后，就形成了现在这一大块密度很高的钛磁铁矿。

不过，这些推论都十分惊人，甚至颠覆了科学界此前对月球的认知，但是它们的确很好地解释了该地区为何会出现异常的引力，也成为迄今关于月球重力异常现象最好的解释。

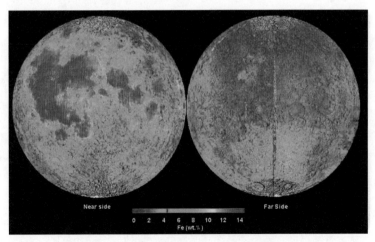

图 1.6　月球钛铁元素分布　来源：NASA/LPI

人类探月那些事

从 20 世纪 60 年代初开始，人类就尝试着征服月球。不到 10 年，这颗地球唯一的天然卫星就被人类登陆了，前后有 24 名宇航员进入过月球轨道，有 12 个人站上月球，有人甚至在月球上飙过车、打过高尔夫球，有 3 名美国宇航员在地面测试时葬身火海。

截至 2021 年 9 月，一共有 7 个国家和组织曾进行过 68 次月球探索相关的任务，其中有 3 个国家曾把月壤送回地球，有 10 次探月太空任务以失败而告终。

1972 年后至本书出版之时，再也没有人光临过月球，而过去的 60 多年，正好写下了人类探月史的第一节。

人类这么早就去过月球？

对于地球而言，月球是唯一的，正因为它是绿色地球的唯一卫星，所以被称为高等智慧生命的地球人早早地就开始探索这个邻居了。

从 1958 年，苏联就开始着手探索月球，他们一共进行过 23 次探索月球的相关任务，其中 6 次失败，但有 2 次成功地把探测器送上了月球。还在 1970 年 11 月 17 日那一天，使全世界第一辆无人驾驶的"月球车 1 号"成功着陆月球，随后通过探测器完成了取回月球土壤的壮举。

中国的"嫦娥五号"探测器于 2020 年年底也成功"解锁"了这个技能。

与苏联相比，在探索月球这件事情上，美国算是后来居上。1961 年 5 月，美国总统约翰·肯尼迪宣布要在 1970 年以前实现载人登月的壮举，当时这被认为是不可能完成的任务。谁知道在 1969—1972 年这 3 年多的时间里，美国居然实现了 6 次成功登月，把 24 名宇航员送入了月球轨道，其中 12 名宇航员登上了月球，另外还把 3 台有人驾驶的月球车（LRV）也送上了月球，而在阿波罗 17 号任务结束后的 50 年里，人类再也没有登过月。

图 1.7　阿波罗登月使用的月球车　来源：NASA

【名词小百科：LRV 全称 Lunar Roving Vehicle，是在月球表面行驶并对月球进行考察和收集分析样品的专用车辆。】

谁说中国搞不定月球？

•••••🪐•••••

比起苏联和美国，中国航天的探月工程起步时间确实比较晚，但作为"嫦娥奔月"这个神话的出品国，中国从来没有停止过对月球的向往。

2004 年，我国正式开展月球探测工程，在经过 2007 年的"嫦娥一号"、2010 年的"嫦娥二号"的试验性探索后，"嫦娥三号"探测器终于携"玉兔一号"着陆巡视器于 2013 年 12 月正式登陆月球，开展了一系列的勘测任务。"玉兔一号"月球车行走了超过 114 米，最终工作了 972 天后，因故障结束了使命，完成了多项创举。

2019 年 1 月，"嫦娥四号"任务带来的惊喜就更多了，不仅利用"鹊桥号"中继星完成了人类的首次月球背面软着陆，还第一次在月面实现了生物的培育和生长。着陆后的"嫦娥四号"里，有一个生物实验的载荷，里面携带了棉花、土豆、果蝇等多种植物种子和动物的卵，最终棉花长出了月球上的第一株植物嫩芽。跟着去的"玉兔二号"月球车也很争气，截止到 2021 年 9 月 20 日，它已行驶约 800 米。

2020 年 11 月 24 日，海南文昌，在万众瞩目之下，8.2 吨重的"嫦五妹妹"坐上了她 800 多吨重、57 米高的座驾——长征五号遥五运载火箭奔向了月球。23 天后，"嫦娥五号"的返回器准确地着陆在内蒙古四子王旗地区，完成了这个被称为"中国航天迄今最复杂、难度最大的任务之一"。

看到这儿，你是不是对中国的探月工程充满了好奇和敬意呢？别着急，"嫦娥六号""嫦娥七号""嫦娥八号"等探测器将在未来几年相继出发，为中俄共建的月球科研基地的建设做准备，将来会有更多的"嫦娥"和"玉兔"登上月球。

史努比是航天吉祥物？

• • • • 🪐 • • • •

有一条"不觉得自己是条狗"的黑白色小猎犬，它永远记不住主人的名字，但却"萌化了"无数人的心，它就是全球最知名的一条狗——史努比。

很多人并不知道，史努比竟然是 NASA 的官方吉祥物！ 1967 年 1 月 27 日，"阿波罗 1 号"任务在一次测试中发生大火，3 名宇航员不幸遇难。惨案发生后，为了挽回形象，NASA 急需一个吉祥物来缓和民众对航天业的负面看法，降低悲剧造成的不良影响。于是史努比这个形象被选中了，在以它为主角的系列漫画中，这条有着太空梦想的狗，在作者查尔斯·舒尔茨的笔下早已登上了月球。

后来，NASA 将"阿波罗 10 号"飞船的指挥舱和登月舱分别命名为"查理·布朗"（史努比的主人）和"史努比"，同时让史努比作为飞船的吉祥物守护着飞行安全。在出发时，"阿波罗 10 号"指挥官托马斯·斯塔福德还特地在经过史努比公仔时摸了摸它的鼻子，想沾沾好运气。

图 1.8 "阿波罗 10 号"指挥官托马斯·斯塔福德摸史努比的鼻子沾好运　来源：NASA

"阿波罗 10 号"在执行任务过程中遭遇了一些突发的情况，导致那个叫"史努比"的登月舱被永远地留在了太空，但任务却有惊无险地完成了。此后，有史努比在的任务都无一失败，宇航员也开始相信这条狗确实能带来幸运，NASA 还特别设立了"银色史努比奖"，用来表彰为太空事业做出过杰出贡献的人。

最拉风的月球运动竟是它？

很多体育迷肯定想过一个问题，如果能在月球上进行体育活动，哪种运动可能会最受欢迎？足球、橄榄球还是乒乓球？

其实，在月球上能够站稳就很不容易了，穿着 80 多公斤的航天服，在引力只有地球六分之一的月球上依然会很笨拙，刚刚说的这几项运动，难度有点大。不过，有人已经在月球上进行过人类的首次体育运动了。

那是在 1971 年 2 月 6 日，美国首位进入太空的宇航员艾伦·谢泼德正在执行"阿波罗 14 号"登月任务。

当时的谢泼德掏出了一个物品后，与休斯敦太空中心的对话被记录了下来："休斯敦，我想你能认出我的手上拿的是什么，我的右手是一支 6 号铁杆，而左手有一个千百万美国人都认识的小白球。现在我要把它丢到地上了……不好意思……这航天服太硬了，我没法用两只手挥杆。"随后的时间里，他进行了几次被载入人类史册的高尔夫挥杆动作，并成功击飞了两颗高尔夫球。

图1.9 艾伦·谢泼德在月球上组装设备 来源：NASA/JSC

如何把球杆带上月球？

其实，为了这次在月球上打高尔夫球，艾伦·谢泼德可以说是"蓄谋已久"，他把高尔夫球杆和两颗高尔夫球藏在一只长筒袜里偷偷带到了月球上。虽然一直以来，NASA并不鼓励这种私带物品的行为，可是从另一个角度来说，这次的挥杆也不失为一次对于月球重力环境的直观实验。

直到现在，艾伦·谢泼德在月球上的挥杆瞬间仍被认为是人类在月球上活动的经典画面之一。

那两颗高尔夫球被留在了月球上，但那支球杆却被带了回来。3 年后，艾伦·谢泼德把它捐给了美国高尔夫球协会（USGA），如今，这支杆和那只长筒袜都被收藏在美国高尔夫球协会博物馆。USGA 原执行官大卫·费伊曾说过这样一句话："如果有一天博物馆起火，或许我首先会想着要去挽救的就是这支太空球杆，它是一件证物——证明高尔夫是人类在月球上唯一进行过的体育项目。"

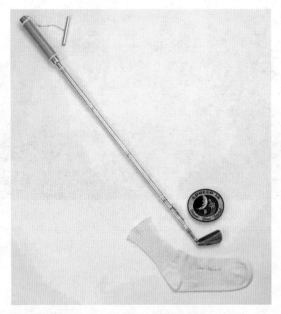

图 1.10　收藏在美国高尔夫球协会博物馆的高尔夫球杆　来源：USGA

谢泼德竟然吹牛？

据艾伦·谢泼德自己回忆，第一次击中高尔夫球的那一杆并没打好，球落在了附近的坑里，但第二杆可就厉害了，把球打得足足飞出去了好几百米。事实证明，谢泼德在"吹牛"，因为那两颗球都被人找到了。谢泼德怎么也不会想到，USGA 会在 50 多年后，委托一名名叫安迪·桑德斯的影像专家对"阿波罗 14 号"任务的原始视频进行了高分辨率的扫描。

根据图像分析结果，艾伦·谢泼德第一杆仅仅把球打出了 22 米左右，第二杆确实好一点，但也没有超过 40 米。虽然理论上在月球上真的能打很远，可现实结果却证明艾伦·谢泼德确实是在"吹牛"。

其实可以想象得到，一位并非高尔夫运动的专业人士，穿着如此笨重的舱外航天服，站立都很困难，却要单手挥杆，这样能把球打出去就已经算是圆了一个超级大的月球梦想了！作为人类的首次壮举，这位"美国进入太空的第一人"艾伦·谢泼德想吹吹牛还是能理解的。

图 1.11　安迪·桑德斯分析高尔夫球被击飞的距离　来源：NASA

什么？一头大象掉到月球上了！

2019 年 9 月 7 日，一个来自印度的名叫"月船 2 号"的探测器，在月球的南极尝试进行软着陆时与地球的控制中心失去联系。之后，各方面都在努力寻找这艘飞船的下落并试图恢复联系，72 小时后，"月船 2 号"着陆器坠落的确切地点被找到了，但这个耗资约 1.4 亿美元的任务也彻底宣告失败。

"月船 2 号"探测器重达 3850 千克，相当于一头亚洲成年大象的体重。它包含轨道器、着陆器和月球车 3 个部分，同时还携带了十多个各类型的科学研究装置，造价都很昂贵。当然，如果它能成功的话，印度会成为继美国、俄罗斯和中国之后的，全球第四个探测器成功登月的国家。但这场意外事故，只是在月球上砸出了一个坑，并贡献了一堆新的"废铜烂铁"。

【名词小百科：软着陆大多是指航天器利用减速、减震等装置，降低速度、缓和冲击的相对安全的着陆方式。】

月球上都有些什么大垃圾？

1959 年 9 月 12 日，苏联的"月球 2 号"探测器发射升空，2 天后，它撞击在月球表面的月海区域，成为人类"扔"到月球上的第一个物体。为什么说它是被"扔"的呢？因为这是人类首次操控探测器成功实施的主动撞月行动。

其实，在撞击的那一瞬间，它还不能被称为"垃圾"，因为在它的生死一刻，传回了很多重要的数据，而这些数据无疑可以帮助到后面的很多任务。

中国的"嫦娥一号"绕月卫星也曾在 2009 年用这种方式完成了撞月。在过去的 60 多年里，人类在月球上留下的物品总重量早已超过了 200 吨。从 1969 年 7 月到 1972 年 12 月的 3 年多时间里，先后有 12 名美国宇航员乘坐"阿波罗号"飞船登上过月球。

所以，最有分量、个头最大的肯定是美国在历次登月行动中先后留下的 5 个"土星 5 号"运载火箭的躯体，还有 5 个（或 6 个）登月舱的残骸，以及 3 辆人类驾驶过的月球漫游电动车等。

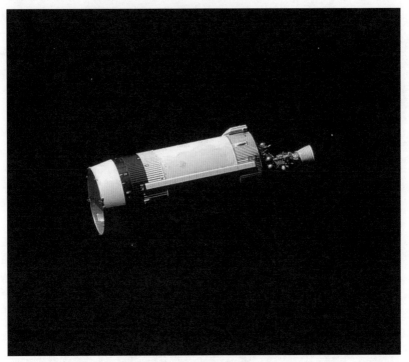

图 1.12 "土星 5 号"运载火箭的 S-IVB 残骸　来源：NASA

当然，苏联的"贡献"也非常大，他们一共发射了 24 个月球探测器，其中"月球 9 号"于 1966 年 2 月 3 日在月球上实现了软着陆，成为首个成功登月的探测器，但 6 次失败的经历也让一些失事的探测器的"尸体"永远成了月球的一部分。欧洲航天局曾在 2003 年也发射了一个非常小巧的探测器，仅重 367 千克，体积大约 1 立方米。这个首次使用了太阳能离子推进器的探月卫星，在绕月 2000 多圈后，以 7000 千米 / 小时的速度完成了撞月，造价 1.1 亿欧元（约合 7.81 亿元人民币）的"智能 1 号"卫星就这样长眠在了"卓越湖"上。

中国的"嫦娥三号""嫦娥四号""嫦娥五号"的 3 个着陆器，以及"玉兔一号"月球车则是我国留在月球的"不动产"。而此刻，"玉兔二号"仍在月球上做着任务，终有一天，它也会变成"纪念品"。

那么，为什么美国 6 次 12 名宇航员成功登月，可月球上只有 5 个"土星 5 号"火箭残骸？

根据研究发现，"阿波罗 11 号"和"阿波罗 12 号"任务的火箭残骸均进入了太阳轨道。其中，"阿波罗 12 号"的火箭残骸在 2002 年作为小行星被发现，并给予了编号 J002E3。而"阿波罗 13 号"至"阿波罗 17 号"的共 5 个火箭残骸，均被证实坠落在月面之上。2021 年的一项研究表明，在"阿波罗 11 号"任务中，阿姆斯特朗和奥尔德林所用的登月舱可能并未坠毁，目前仍在绕月球轨道运行。

月球上有哪些奇怪的东西？

除了上面说的那些大块头，月球上也有一些你意想不到的奇怪物品。比如，"阿波罗 15 号"的宇航员曾在月球上留下的一个 8.5 厘米的铝质小人像，在它旁边的一块纪念牌上写着 14 位在太空探险事业中丧生者的姓名。

第 10 位在月球行走的美国宇航员查尔斯·杜克留下了一张合家欢照片。

图 1.13　铝制小人像和纪念牌　来源：NASA

艾伦·谢泼德留下了两颗高尔夫球。

月球上还留着 100 张面值为 2 美元的纸钞，这是阿波罗登月行动中的宇航员们用来当作护身吉祥物而带上月球的，如果某一天有人能找到这些钞票的话，应该每一张都价值连城。

说得夸张一点，在未来，如果你有机会去月球旅游，甚至可以不带相机，因为那里已经有很多拍照和摄影设备了，像美国人留下的大量摄像机、三脚架、镜头刷，以及采用热保护设计的哈苏相机。

如此看来，被人类送上月球的物品计算下来，价值其实早已超过 1000 亿美元。不过要想找回它们却比"登天"还难，因为月球并没有你想得那么小，你也很难在上面行动自如。告诉你一个秘密，月球上还有 12 双宇航员穿过的靴子及 96 个排泄物的袋子。据 NASA 的科学家说，如果人类再次登月，更应该找回的是那 96 个排泄物的袋子，因为它们有助于专家了解一些简单生命体在宇宙环境中的传播方式，为人类在外星生存及生活提供研究样本，找到更多的可能性。

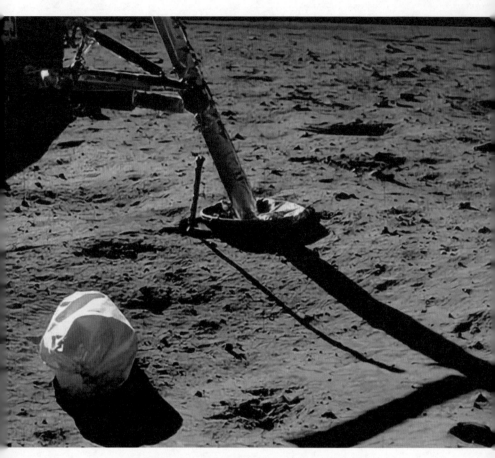

图 1.14　被扔在月球上的垃圾袋　来源：NASA

有哪些动物上过月球？

· · · · · ✦ · · · ·

　　1968 年，乌龟和黄粉虫的幼虫乘坐苏联的"探测器 5 号"飞船来到月球附近，并在月球上空环行了一圈后，安全地回到了地球，这当然不能算是一次登月之旅。还有一种缓步动物，身长不足一毫米，号称能在 -273℃（绝对零度）至 150℃ 的极端条件下存活，它就是被称为"地球生存冠军"的水熊虫。你很快会想到，月球的表面温度刚好是 -183℃至 127℃左右，似乎水熊虫在月球存活的可能性非常高。

确实不止我们想到了，在 2019 年 4 月，以色列的一家机构真的发射了一颗"创世纪号"探测器奔向了月球，上面搭载了一些水熊虫。只可惜发生了意外情况，带着这群"虫虫特工队"的探测器在月表上坠毁了。

直到今天，仍有很多科学家认为那些水熊虫还活着，他们为什么这么肯定呢？因为水熊虫还有个绰号叫"苔藓猪"，它们在脱水数十年后还能复活，而这些水熊虫是经过脱水处于休眠状态，再被装入人造琥珀中的。

后来，英国的两位科学家进行了多次超高速的撞击实验，得出的结果是，水熊虫能承受的速度大约是 900 米 / 秒。而根据创世纪号坠毁之前传回的最后数据，它的垂直速度已达到了 134.3 米 / 秒，水平速度高达946.7 米 / 秒，这显然已超过了实验中得到的水熊虫的承受极限，那些地表生存最强的动物大概率是凶多吉少了。

不过，由于超出的速度不是很多，某些水熊虫或许还有一丝存活的希望。

手电筒可以照到月球吗？
····⊘····

你小时候有没有干过这样一件事？就是拿着手电筒对着夜空照射，手电筒的光看上去能够照到很远的地方，于是你就开始思考，这些光能不能照到月球上去？相信这个问题已困扰你多年了，因为当时连大部分的大人也不知道该如何回答这个问题。

其实，大部分手电筒的灯泡都只是一个体格很小的白炽灯而已，这种小灯泡的后面放有一个凹面镜，这种通过凹面镜发出去的光束会随着距离的增加而不断地扩大范围，也就是说，光束会越来越分散。

而地球和月球之间的距离大约是 38.4 万千米，即使不存在大气层内灰尘和空气的阻挡，这些光束也早已在到达月球之前就消失了，根本不存在照到月球上的可能性。

手电筒能在月球找到水？

人类在 1969 年就成功登月了，NASA 也一直在致力于寻找并利用月球上已有的资源，但这仍然是一项极具挑战性且花费高昂的任务。

其中有这么一个很有意思的尝试，就是发射"月球手电筒"，使用激光来寻找月球上潜在的水冰资源。而"月球手电筒"其实是一颗小小的立方卫星，它的体积只有 12×24×36（厘米），大概也就是一双儿童球鞋的鞋盒子般大小。"月球手电筒"的设计原理是利用红外线激光束迅速射入月球的陨石坑，然后在光束反射回来后收集它们，月球表面的土壤不会吸收红外线，但是水冰却能吸收。

因此，月球陨石坑的吸收量越大，隐藏在这些陨石坑里的水冰数量就会越多。一旦"月球手电筒"完成了绘制月球陨石坑中水冰分布图的任务，它就会接到指令，通过撞击月球南极来结束它的使命。

另外，水除了是生物生存所必需的要素外，也是生产火箭燃料的重要原料之一。如果今后所有的水都要从地球运往月球的话，成本会非常高，这将会大幅度地限制未来月球基地的建设和发展规模。

如果能直接从月球表面找到水冰资源，将极大地促进未来月球资源的开发效率。看上去荒芜的月球，其实到处都藏着宝贝。

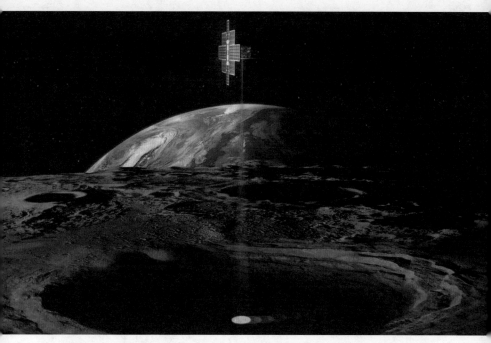

图 1.15　"月球手电筒"找水示意图　来源：NASA

月壤不能种菜怎么办？

2021 年年初，"嫦娥五号"探测器在经历了 23 天的旅程后，一次性取得了约 1.7 千克的月球土壤回到地球。样品的分析结果表明，月壤中不含任何有机养分而且非常干燥，从种植业入手解决未来月球上的粮食问题似乎行不通。

可如果在月球上建立人类的科考基地，不就能吃到新鲜的食物吗？当然，如果气温合适、水源充足，耐旱型植物还是能在月壤上长出来的，只是生长情况不会很理想，估计样子也会比较难看。不过，植物生长最关键的两个因素是阳光和水，土壤的问题完全可以利用营养液来解决。

看来，素菜类的食物并不难解决，在太空舱内种植土豆应该没有太大的难度。《火星救援》这部电影已经描绘过在外星球如何种土豆的场景，月球其实也差不多，未来我们如果想吃土豆，可以建造一个现代化的无土栽培大棚。

而根据现在的研究，在外太空培育藻类也是一种非常棒的做法，科学家们早在 2017 年就发现藻类暴露在太空真空、极端温度、致命辐射及紫外线下仍然在国际空间站外部的太空中存活了 16 个月之久。不过，太空人还是需要一些高蛋白食物来补充营养的，除了压缩类的熟食，还有别的选择吗？

图 1.6　科学家模拟月壤种植萝卜　来源：NASA

怎么在月球上吃上高蛋白？

••••●••••

月球基地里能养殖动物吗？欧洲的科学家们似乎找到了一些答案，法国海洋开发研究院提出了在月球基地养殖鱼类的可能性，并着手设计一种合适的养殖舱，同时测试鱼卵是否能安全送达月球基地。他们认为，如果能在月球基地成功地养殖鱼类，将可以为研究人员和太空游客提供更丰富的蛋白质营养。

而且，养殖一些生物也非常有助于缓解科研人员的心理压力。开始，科研团队只是想送一些鸡蛋上太空，并不是鱼卵，人们普遍认为鸡蛋应该比鱼卵坚固，那么实际情况如何呢？

在第一阶段的实验中，通过火箭升空时的剧烈摇动的考验后，鸡蛋的表现确实很不错，有 95% 的鸡蛋顺利孵化，完全符合大家的预期。但鲈鱼的卵也有 76% 的孵化率，而那些没有经过摇动的鲈鱼卵则有 82% 的孵化率。从测试的两组数据来看，相差不大。鸡蛋的孵化率虽然很高，但鱼卵的数据也着实不低，加上团队成员们都觉得在太空养鱼显然比养鸡更可行。你不妨想象一下，在月球基地里，你是想看着一缸安静游泳的鱼，还是瞅着满地乱跑的鸡呢？没错，脑子里浮现出飘着鸡屎味的太空舱，科学家坚定地选择了去实现"太空养鱼"的想法。

欧洲鲈鱼有望首先登月？

······

欧洲航天局已决定资助"太空养鱼"计划了，希望能为规划中的"月球村"打造更宜居的环境。当然，由于月球的空气成分特殊，也不是每一种鱼都适合食用，因此研究团队必须挑选二氧化碳排放低、孵化快的鱼类。由于在太空环境的旅行中，生命体会暴露在高辐射下，因此需要具备抗带电粒子的能力。

经过筛选后，欧洲鲈鱼被选中用来做进一步的实验，同时它还可以忍受盐度变化幅度较大的条件，刚好适合淡水不足的月球环境。团队在进一步的分析后认为，比起陆地生物，水中的环境更加恶劣，时常遭遇强流、海浪，以及表面坚硬的石头的碰撞，而鱼卵的强韧性超乎了研究团队的想象。

　　专家指出，在月球上饲养鱼类不仅能为人类提供新鲜食材，从心理学角度来看，养殖生物有助于研究人员和居民放松心情，培养成就感，减少抑郁症出现的风险。

　　不少科学家认为，贝类或虾类等无脊椎动物应该会比鱼类更适合月球环境，也更好养殖，而且养殖空间也比鲈鱼这种脊椎动物要节省很多。

　　照这么来看，中国人最爱的、早已在地球上"称霸"的小龙虾，不仅生长速度快、适应能力强，而且因为它的杂食性特别好喂养，看来以后在月球上吃小龙虾也是很有可能的！

月球也有房地产？

有一个人 40 多年前还是一贫如洗，仅仅是想到了一个月球地产的概念，就圈了地球人上百亿美元的资产，这是不是太夸张了？

谁是月球大地主？

"不要 999，不要 99.9，只要 19.99 美元，月球地产带回家！"一般人看到这句话时，八成认为遇到骗子了。不过，如果我告诉你，美国前总统里根、卡特、小布什，以及影星汤姆·汉克斯都是他的客户，你会不会感觉貌似有点靠谱了。

别着急，接着看！有这么一个人，就是靠着刚才这些话术和所谓的成功案例，神奇地打造出了一个上百亿美元的月球地产帝国。这个被称为"月球地产大亨"的人名叫丹尼斯·霍普，自称拥有着世界上最多的土地，常常称自己是"地球上最富有的人"，甚至是"太阳系最富有的人"。

其实，回到 1980 年，他还只是一名贫困的腹语表演者，婚姻不幸又濒临破产。于是他一边苦中作乐，一边梦想改变世界，直到有一天，他打开窗户看着天上的月亮，突然想到了一条发财之路。

是知识改变命运？

那个晚上，丹尼斯·霍普想起在大学时，教授曾举过关于所有权的例子，其中就包括了 1967 年刚刚生效的《外层空间条约》。在这份条约中，所有联合国成员都签署并同意了外太空天体的主权不为任何一个国家所有，是全人类的共同财产。这一公约至今仍然生效，被称为"空间宪法"。而霍普却发现了这份条约存在着一个漏洞，虽然地外天体的主权不为任何国家所有，但却没有提及公司与个人。

之后，他又对美国法律做了细致研究，该法律规定，对无主的财产提出产权要求的人，就可以成为产权人。他的脑海中浮现了一个想法："月球现在还是无主之地，那我为什么不认领它呢？"随后，霍普迅速写好一份声明，宣称自己对月球及太阳系中除地球外的八大行星拥有主权，他还把这份声明寄给了美国政府和联合国，结果当然是没人回复，霍普就当他们都默认了。

之后，霍普又成立了"月球大使馆"公司，开始出售月球土地，谁也没想到，仅 2 周时间，他就有了 6000 美元的业绩。他常常是拿出一张月球地图，指哪儿就售哪儿，到了后来，购买"月球地产"的人越来越多。

月球大使馆是骗局吗？

2005 年时，丹尼斯·霍普亲自把"月球大使馆"的分公司开到了北京，3 天后就被北京朝阳工商分局叫停了，认为这个业务涉嫌投机倒把。

就算是这样，出乎所有人甚至包括霍普本人的意料，"月球地产"的生意还是越做越大，发展到后来，甚至开始售卖太阳系内行星、矮行星和卫星的土地了。比如有客户用 25 万美元买下了整个冥王星，而根据这家公司的官网资料，丹尼斯·霍普已经卖出超过 6 亿英亩的月球土地，总收入超过 100 亿美元。

之后，霍普甚至宣布成立"银河政府"，要保护 600 万名"居民"的权益，提供更好的售后服务。事实上，这种花了钱却没有任何合法的土地证明的商业模式，自然有很多人找霍普的麻烦。一直以来，把丹尼斯·霍普告上法庭的人非常多，但丹尼斯·霍普将这种买卖行为描述为出售"新颖物"，是一种虚拟财产，顾客虽然够不着月亮，但他们买的却是一份浪漫与情怀。

而美国的司法机构不知道是拿他没办法，还是根本不想理他，到现在为止，这个明明看似是个"骗局"的生意一直存在，居然还越做越大。

CHAPTER 02
火星可没那么简单

火星看了你一眼，冷笑了一下。

一直以来，不少人对火星的认识，

仅来源于电影《火星救援》，

一个受伤的人，独自生活在火星好几个月，

不仅活了下来，还自己种植土豆。

然而，真相是残酷的。

别把火星
当月球

相比去火星，去一趟月球简直就是小儿科。为什么这么说呢？因为地球和火星之间的距离是地球和月球之间距离的 1000 多倍，不知道有多少探测器死于路途中的多次变轨和着陆时的"恐怖 7 分钟"。去火星，还得悠着点儿！

去火星到底有多难？

你知道吗？一颗探测器去月球也就 3 天左右，但去火星最少需要半年，因为地球和火星之间的最远距离超过了 4 亿千米，所以去火星当然要困难多了。把探测器送往火星，首先需要一枚非常强大的火箭，而且出发后，探测器不会做直线运动，为了节约宝贵的燃料，通常会借用地球自身的公转速度，利用"霍曼转移"，多次变轨后再进入火星轨道。

这听上去好像挺简单的，但一不留神就会错过时机，如果未能被火星引力俘获，就会被冲入茫茫宇宙且无法回头。要知道，用这样的方式去火星，每 26 个月才会出现一次最佳的窗口期，还必须提前 100 天左右发射飞船来匹配航程。

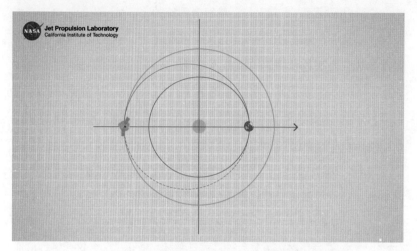

图 2.1　霍曼转移示意图　来源：NASA/JPL

　　然而，在全部工作不出差错的情况下，探测器也仅仅是能够围着火星转圈圈，当一颗卫星而已，要想登陆火星，还要经历鼎鼎大名的"恐怖 7 分钟"的考验。在这个过程中，着陆器会以超过 4800 米 / 秒的速度坠向火星表面，外壳至少要抗住约 2000℃的高温，而且整个着陆过程是不被直接控制的。更麻烦的还在于火星上的复杂地形，这非常考验前期的准备工作，因为探测器得全自动地完成设计好的程序。而一旦成功实现软着陆，着陆平台若能扛住火星早晚的巨大温差和剧烈的沙尘暴天气，那么火星之旅就正式开始了。

"恐怖 7 分钟"有多恐怖？

　　"恐怖 7 分钟"是指探测器进入火星大气、下降与着陆的过程，在这

7分钟里，由于远距离数据传输有延时，要求火星车必须具有很高的自主能力。可以理解为这几分钟需要一个智能化和自动化的登陆解决方案。

你可以想想看，一架飞机，就算有熟练的飞行员、完备的电子导航系统，以及塔台无延时的指挥和引导，都需要20分钟以上才能降落在机场跑道。而在传说中的"恐怖7分钟"内，火星登陆器的时速会从2万千米降到趋近于零，在火星的稀薄大气层里，1秒钟要下降超过4800米。你大胆想象一下，如果一个人从珠穆朗玛峰往下跳，不到2秒就到山底了，这是个什么感觉。

当然，"恐怖7分钟"只是一个泛指的概念，根据地球与火星的不同距离，很多时候信号要延迟10多分钟甚至超过20分钟。而有的时候，一些探测器还有额外的任务，着陆过程会延长数分钟。比如，我国的"天问一号"着陆器就花了9分钟才完成着陆，多花了2分钟来选择最佳落点。

图2.2 "毅力号""急刹车"全过程 来源：NASA

为什么火星是探测器的坟墓？

····🪐····

1960 年，苏联发射了探测器"火星 1A 号"，却以失败告终，这是人类历史上第一次探索火星。在过去的 60 多年里，有无数"太空勇士"倒在了去火星的路上。截至 2020 年 8 月，全球已累计进行了 47 次火星探索任务，就算把 2021 年由阿联酋、美国、中国完成的 3 场"胜仗"都算上，完全成功的案例也只有 22 个，失败率高于 50％。所以，火星一直被称为"航天器的坟墓"。

航天圈有一个非常形象的描述：探测器要成功登陆火星，相当于从巴黎打出一颗高尔夫球要直接落到东京的某个球洞里去，这可是 1 万千米距离的一杆进洞啊。此外，探测器在火星轨道飞行时，长时间处于阴影地带，见不着什么阳光，几乎没有进行过充电蓄能，而到了火星后，温度可能会降至 -200℃，真是一不小心就会出问题。

火星上的风特别大，沙尘暴剧烈，就算成功着陆，还要防止探测器的动力装置被沙尘覆盖和掩埋，真是寸步难行。有不少这样的探测器，虽然历经艰难地成功着陆火星，却很快就失联了，"死"都不知道是怎么"死"的。

笔者总结了数十个探测器的各种"死"法：最多的是着陆时"摔死"的；不少是温度太低导致故障，"冻死"的；也有因为被沙尘暴盖住了身体，充不上电，"闷死"的；还有因为计算单位错误，没能正确测算好距离，导致绕火的探测器意外掉入大气层被"烧死"；当然，也有因为软件的 BUG 而导致硬件的机械故障，使探测器被"卡死"。不得不说，这些"死"法也真是五花八门。

"萤火一号"是怎么阵亡的？

······🪐·····

　　火星探测器还有一种典型"死"法叫"变轨失败"，了结在路途中。因为前往火星的探测器一般需要经历 4 次变轨，才能进入环绕火星的轨道，先成为一颗火星的卫星，入轨也就意味着有资格去准备着陆火星了。当然，也有很多探测器的目标并不是着陆，只是为了收集火星的相关环境数据。比如我国的首颗火星探测器"萤火一号"，它当时搭载在俄罗斯"福布斯－土壤"探测器上，于北京时间 2011 年 11 月 9 日 4：16 从哈萨克斯坦境内的拜科努尔航天发射场，由一枚"天顶 －2SB40"火箭发射升空，虽然星箭分离正常，但探测器运行至第二圈时变轨机动失败，未能脱离地球轨道，最终于 2012 年 1 月 16 日 1：45 坠落在智利惠灵顿岛以西大约 1250 千米处的南太平洋中。

　　"萤火一号"探测器长、宽各约 75 厘米，高约 60 厘米。两侧的太阳能电池板高约 8 米，重量约为 115 公斤，设计寿命为 2 年。该探测器携带了 4 种类型的有效载荷，包括等离子体探测套件、光学成像仪、磁通门磁力计和隐蔽探测器。"萤火一号"的主要目的是成为一颗火星的卫星，探测空间磁场、电离层和火星粒子的分布，以及火星离子的逸出率。另外，它还要负责探测火星赤道附近的地貌、沙尘暴和引力场等，为后续的火星任务打好前站。可惜"萤火一号"出师未捷身先死，我国首次对火星探测的尝试未能如愿。

"洞察号"是如何死里逃生的？

······🪐·····

　　对于 2018 年 11 月 26 日着陆于火星的"洞察号"探测器来说，用死里逃生来描述它的遭遇最为贴切。之前说过有一种探测器的"死"法，是被沙尘掩埋，俗称被"闷死"，"洞察号"就是快要被"闷死"的那个。"洞察号"的电力完全依赖于太阳能电池板，并没有使用核动力，它也不是像"机遇号"和"好奇号"那样的移动式火星车，通过运动就能抖落大部分的尘土。

"洞察号"是一种固定式的探测器，一旦上面落满了沙尘，新尘土与老尘土越留越多，沙尘会越积越厚，从而阻挡部分阳光，充电效率也越来越低，最终导致"洞察号"奄奄一息，产生了严重的生存危机。

图 2.3 "洞察号"落满了尘埃 来源：NASA

眼看"洞察号"就要支撑不住了，在尝试了各种方法都无效后，科学家们无意中想到了一个办法，或许会有效。

因为"洞察号"上有个机械臂，上面正好有一个铲子，趁着火星刮风的时候，机械臂从地上铲起了一把沙子，从高处慢慢往下倒，让沙流"冲"在电池板上，借着一股大约 6 米 / 秒的风力，或许能带走一部分灰尘。

经过几次尝试，没想到这种方法居然十分有效，"洞察号"的电量竟然当天就开始增加了，真是置之死地而后生。仔细想想看，一旦这种方法是无效的，这几把沙子撒下去就是"自杀"，"洞察号"只怕得提前"退休"了。

火星到底有什么魅力？

　　人类为什么要探索火星？这个问题讨论了好几十年，并没有人知道火星上是不是有过生命，但是却一直有"地球的生命都来自火星"的说法。无论如何，对地球人来说，火星充满了魅力。

火星是地球的亲兄弟？

　　在很多小说中，都幻想过这样的未来——由于环境恶化、地震海啸、彗星撞击等种种原因，人类无法在地球上继续居住，于是向火星移民。而翻开历史，人类在过去的 60 多年里，早已开始且从来没有停止过对火星的探索。

　　火星像一个"袖珍版的地球"，重力是地球的 40%，体积是 15%，质量是 11%。也有人说，火星是地球的孪生兄弟，因为火星和地球的自转速度差不多，地球自转一圈的时间是 23 小时 56 分钟，而火星是 24 小时 37 分钟。火星跟地球一样拥有自己的大气层，只不过因为质量小、引力小，导致大气层很稀薄。

　　而且火星跟地球一样，有春夏秋冬的四季变化，白天的气温与地球还比较接近，火星与地球的距离也不算太远，与地球最近时只有约 5500 万千米。有证据表明，火星上有水存在，这提高了生物存在或曾经存在的可能性，而人类一直好奇外星人是否存在。人类最感兴趣的，当然是那些和地球类似，有可能存在生命，还有移民可能的星球，火星不就是最近的那一颗吗？

地球人都来自火星？

·····◌·····

2015年，一名来自美国韦斯特海默科学技术研究院的地球化学家史蒂文·本纳，在意大利佛罗伦萨的一次会议上提出，地球上生命的"种子"很可能源自火星。他认为这些"种子"是随着陨石和火山喷发来到地球的，因为钼（Mo）元素的氧化物是有机分子进化成生物的关键催化剂，钼只有在高度氧化的状态下才能影响生命起源的过程，而当时的地球根本不存在钼的氧化物，因为30亿年前的地球上几乎没有氧气，火星上却有。

2019年5月，美国某媒体发布了一条爆炸性的推断："地球可能在形成之前就存在生命，后来所有的生命包括人类或来自其他行星。"根据一些地质调查的结果，有科学家认为太阳系的生命早在43亿年前就开始了，这些观点再次引起了科学家们的激烈讨论。

1984年，一支美国的陨石搜寻队在南极洲发现了一块磁体矿陨石，并将其编号为ALH84001。1996年，NASA的科学家在使用扫描电子显微镜对这块陨石进行分析后，惊奇地发现陨石中的一个结构体与细菌的结构十分相似，一些科学家认为这是来自火星的细菌生物化石被发现了，并将结论发表在了《科学》杂志上。由于这一次发现的内容十分直观，题材又相当"劲爆"，因此迅速被媒体大规模报道，这个结论被当作地球以外存在生命的第一个确凿证据。时任美国总统的比尔·克林顿还亲自在电视讲话中宣布了这一发现。甚至有人断言，地球上的生命可能就是由火星陨石带来的。

然而，在另一些科学家看来，这一发现并不能完全证明火星上存在着生命。首先，形似细菌的结构体直径仅仅只有20~100纳米，比目前所有已知的细菌体直径都要小。此外，还有科学家在实验室中通过非生物过程得到了与陨石中结构体形态类似的结构，这也说明了它的非唯一性。

目前，科学界的共识是，证实生命的存在不能单凭 ALH84001 中具备生物形态特征的结构，还需要其他的分析和更具体的证据来支撑。

当然，这些都还只是推测，证据并不充分。据说，结论会在 21 世纪末得出，我们再等等吧！

火星不容错过的景点都在哪？

相信在不远的未来，火星会是一个热门的旅游胜地，如果你有机会到这颗红色星球度假，可以先看一下哪些地方值得一去。可以把第一站放在火星的北极，这个地方冰雪覆盖的面积超过了青海省，几乎完全被水冰和干冰覆盖。

图 2.4 欧洲航天局发现的火星冰盖 来源：ESA

冰盖以南是卡塞峡谷，长度是世界遗产科罗拉多大峡谷的 5 倍，宽度则是它的 10 倍。科学家们认为，这两个峡谷的形成方式是相似的，我们也可以大胆地推测，或许几十亿年前，火星是一颗更温暖并且被液态水覆盖的星球，正是因为水的流动才能雕琢出这样的峡谷。

接着，我们要去附近的另外一个峡谷——马沃斯谷，这里的景象与北极峡谷截然不同，缘于它的多色泥土层，这里的沉积物可能是在数千年的时间里逐渐形成的，别只看到这奇幻的颜色，火星上的古老生命遗迹很可能会在马沃斯谷找到。

图 2.5　拥有多色泥土的马沃斯谷　来源：NASA

还有个地方叫拉尼迷宫，也叫拉尼混沌，在地球上根本找不到这样的地貌，到处都是崎岖的悬崖和柱子般的丘陵，由于之前没有见过类似地貌，科学家们并不确定它是如何形成的。

水手谷肯定是最引人注目的火星胜地之一，因为它是太阳系内最大的峡谷，长度与天津到拉萨的距离相当，超过了 4500 千米，宽度达到 600 千米，而深度是科罗拉多大峡谷的 4 倍，大约 8 千米，是当之无愧的峡谷之王。它历史悠久，大约 35 亿年前就开始逐步形成，直到现在，仍有些地方会出现小型的山崩现象，让人称奇。

沿水手谷向北，来到赫伯斯峡谷。当然，与水手谷相比，这个峡谷的规模很小，但当地的平行地面很有特色，值得一看。

图 2.6　水手谷　来源：NASA

　　到了火星，如果不去奥林匹斯山，跟到了北京不去长城是差不多的感觉，你的火星之旅必将留下一个很大的遗憾。奥林匹斯山是太阳系内最高的山峰，它的高度是珠穆朗玛峰的 3 倍以上，覆盖面积比整个广西的面积还要大一点。看到这里，马上会让人联想到一个问题：登上珠穆朗玛峰的地球人如果想登上这座山，需要花多少时间？

图 2.7　奥林匹斯山　来源：NASA

继续向北，会来到普罗米修斯平原，它靠近火星的南极，这里的冰层可以达到地球上东南极冰盖的 1 倍以上，厚度至少在 6000 米以上。

火星地表在接近太阳系小行星带的位置，是非常容易被小天体撞击的，拉贝陨坑的一连串黑色沙丘证实了这一点。这个被德国天文学家发现的神秘地点，直径约 108 千米，这里存在的巨大沙丘，高度可达到 150 米到 200 米，看上去非常奇特。

而诺伊库姆陨坑是火星上最古老的地貌之一，至少拥有 39 亿年历史。科学家们认为，这个陨坑在火星形成初期就有了，当时的火星遭受了一次相当猛烈的撞击，即使到了今天，人们仍能找到那次撞击留下的伤疤。

2018 年，科学家在火星南极的冰层下方发现了一个火星存在着液态咸水湖的证据，这个发现在当时非常令人振奋。

火星的神奇世界，仍有很多秘密等待地球人去探索。如此壮观的火星景点，值不值得你去享受一次数亿千米的太空旅行呢？

火星探索 哪家强？

从 20 世纪 60 年代起，觊觎火星秘密的地球人开始一趟趟地派出探测器飞向这个遥远的红色星球。以苏联为代表的多个任务的失败，给火星冠上了"探测器坟墓"的称号。除了中美俄三国和欧洲航天局，印度、阿联酋、日本等为数不多的国家都曾对火星有过想法和行动。

火星是俄罗斯的噩梦之地？

从人类的第一颗卫星开始，到进入太空的第一人，第一次出舱在太空行走，第一位女宇航员，还有第一个在月球表面硬着陆的航天器等，这些"荣誉"统统属于苏联。

意料之中，苏联也发射了人类第一颗火星探测器。1960 年 10 月 10 日和 10 月 14 日，苏联先后发射了"火星 1A 号"和"火星 1B 号"，结果它们连地球轨道都没到达就失败了，也是从这一年开始，苏联的火星噩梦正式拉开了帷幕。此后，苏联几乎所有的火星探测器都未能获得完全成功。

到了 1962 年 11 月 1 日，苏联发射的"火星 1 号"总算进入了前往火星的轨道，这是公认的代表人类飞向红色星球的第一次，结果在离开地球 1 亿多千米后失联。

苏联一共进行和参与了 21 次火星任务，只有 4 次可以说是部分成功。最成功的一次当属"火星 3 号"，它成功在火星实现软着陆，但仅仅发回了不到 20 秒的电视信号后就停止工作了；接着是"火星 5 号"，于 1974 年 2 月 12 日进入火星轨道，向地面发回了火星表面照片，但很快就停止工作，大部分人认为，这次任务虽然短暂，但总算是一次完整的任务；随后，"火星 6 号"出发，于 1974 年 3 月 12 日在火星表面着陆，但 1 秒钟后就与地面通信中断，由于着陆器的晶片被烧毁，当时传回的数据无法识别。到了 2003 年 6 月 2 日，欧洲航天局研制的第一个火星探测器"火星快车号"（Mars Express）由俄罗斯"联盟 –FG"运载火箭发射升空，12 月抵达火星后，进行了环绕飞行探测。截至 2021 年 9 月，"火星快车号"仍在服役，但跟着去的"小猎犬 2 号"着陆器却当场硬着陆，杳无音讯。

除此之外，原计划 2020 年跟中国、美国、阿联酋差不多时间出发的"ExoMars 2020"也因技术问题推迟至少 2 年。至此，火星几乎彻底成了俄罗斯在太空探索领域的伤心之地。

美国人是有多爱火星？

美国探索火星没有苏联那么早，一直到 1964 年，美国才先后向火星发射"水手 3 号"和"水手 4 号"两枚探测器。然而，"水手 3 号"于 1964 年 11 月 5 日发射升空后，仅仅 1 小时，太阳能电池板就出现了问题，导致探测器偏离轨道，发射宣告失败。

出乎意料的是，"水手 4 号"的表现非常出色。它于 1964 年 11 月 28 日发射升空，在 1965 年 7 月 14 日首次飞越火星并向地球发回了 21 张照片（其中包括一张著名的人面像），不但成为人类历史上首颗完成火星任务的卫星，还在太阳轨道上进行环绕，对太阳风开展了 3 年的探测。

图 2.8 "水手 4 号" 来源：NASA

　　一直到 2021 年 2 月 19 日，"毅力号"着陆火星为止，美国一共进行了 22 次火星任务，仅仅 5 次失败，成功率高达 77%。

　　1971 年 5 月 8 日，和"水手 9 号"一起出发的"水手 8 号"探测器因发动机故障而坠入了大气层，最终坠落在大西洋；1993 年 8 月 21 日，"火星观察者号"探测器在到达火星轨道前失联；还有 1998 年的"火星气候探测器"，以及 1999 年的"深空 2 号"探测器与"火星极地"着陆器一起，在抵达火星前坠毁。

　　截至 2021 年 9 月，仍在火星轨道的有 8 个探测器和 4 个着陆巡视器，其中"火星奥德赛""火星勘测轨道飞行器""火星大气与挥发物演变"探测器和火星表面的"好奇号""洞察号""毅力号"形成了 3+3 的天地组合，是无可争议的"火星之王"。

不止美俄有火星梦？

········

截至 2021 年 9 月，人类一共进行了 47 次火星任务，其中 20 次完全成功，23 次定义为失败，有 4 次被认为是部分成功。而仍在火星轨道上处于工作状态的探测器有 8 个，除了美国的 3 个探测器，还有中国的"天问一号"，欧洲的"火星快车""微量气体轨道器"，还有 2 个就是印度的"曼加里安号"和阿联酋的"希望号"火星探测器。

在火星表面的着陆器和巡视器有 4 个，中国的"祝融号"、美国的"好奇号""毅力号"这 3 辆火星车目前仍在行驶中，"洞察号"则是在固定位置上工作的设备。

2013 年，印度空间研究组织（ISRO）发射了"曼加里安号"火星轨道探测器，这是继美国、俄罗斯、欧洲航天局之后，第 4 个成功光临火星轨道的国家，也是当时唯一的首次去火星就成功的国家。

图 2.9 "曼加里安号"火星探测器的模拟运行图　来源：ISRO

阿联酋于 2020 年 7 月 20 日在日本种子岛通过三菱重工的 H-IIA 火箭发射了"希望号"火星探测器，这个中东小国成了全球第 5 个"火星俱乐部"成员。

　　不过从"希望号"这个重复的命名来看，也致敬了 1998 年 7 月 3 日发射的日本第一个火星探测器"希望号"（Nozomi），当时的日本早于欧洲，成为第三个去探索"红色火星"的国家，可惜那次任务失败了。

　　随着中国成功地一次性完成了"绕落巡"三大火星任务，"火星俱乐部"的成员名单暂时被锁定为美国、俄罗斯、欧洲航天局、印度、阿联酋、中国。

　　日本虽然帮助阿联酋先于自己国家实现了火星梦，但也没有放弃，将于 2024 年执行一项名叫"MMX"的探测计划，发射一颗探测器前往火星的两颗卫星之一的"火卫一"，不但要成功着陆，还要带回沙石等样本。

中国凭什么探索火星？

美国无疑是众多探索火星的国家中最成功的，但中国一出手就震惊了世界。从来没有哪个国家可以把"绕落巡"三大任务一次就完成，"天问一号"做到了，"祝融号"火星车的成绩也远远超出了预设的目标。

"天问一号"先出发后着陆？

事实上，中国的"天问一号"比美国的"毅力号"先出发一周，但是着陆火星的时间却晚了差不多 3 个月，着陆过程花了 9 分钟，比"恐怖 7 分钟"多出来整整 2 分钟。很多人解读中国的火星任务时，感觉处处都慢一拍，这是不是因为技术太差了呢？当然不是！这里要特别注意一个关键词，是"首次"这两个字，中国的探测器第一次来到这个星球，需要收集比别人更丰富的数据，来弥补经验上的不足。

在这个级别的航天任务中，没有哪一克燃料是会被白白浪费掉的，也没有哪一项决定是毫无意义的。在环绕火星的 3 个月里，"天问一号"利用相机、光谱仪等设备对预定着陆区域进行了非常详细的探测，针对地形、地质、地貌及沙尘暴等环境和条件做了很多准备，最终着陆的地点选在了火星最大的平原——乌托邦平原。

着陆时，"天问一号"实施降轨机动，着陆巡视器与环绕器分离，环绕器在空中继续为着陆巡视器提供中继通信服务，在这一系列的过程中，每一步都充满凶险，每一步都在创造历史。当"天问一号"成功着陆火星，"祝融号"火星车驶入红色土地时，只有一个字可以形容——稳！

为什么是"恐怖 9 分钟"？

我们都知道，登陆火星很难，那是因为要经历传说中的"恐怖 7 分钟"，可为什么中国的探测器着陆火星的过程却花了 9 分钟？

先来看看"天问一号"经历"恐怖 9 分钟"的过程：首先，要让速度约 4800 米 / 秒的探测器慢下来，进入火星大气时，高度约为 125 千米，先将配平翼打开，以 3 马赫的速度继续下坠，隔热盾要经受上千摄氏度的高温；接着，展开降落伞后，速度降至 2 马赫，同时抛弃隔热大底；然后展开起落架，分离降落伞并抛弃背罩，此时高度约为 1.5 千米；最后主发动机开机，进入动力减速段。而多出来的 2 分钟，是在到达距火星表面 100 米的时候，进入悬停阶段，通过微波测距测速敏感器对火星表面进行测量，用激光三维等方式就地成像。如果发现着陆区不够安全，比如发现下面有石头或者有坑洞时，探测器还会自主平移来更换降落点，这个过程叫"悬停避障"。

那我们为什么不能像操作无人机一样实时控制呢？别忘了，火星距离地球太远了，信号往返一次最快都得 10 分钟以上，所以火星的着陆任务只能靠"天问一号"自己来执行之前预设好的方案，生死就在一瞬间，每一步都需特别谨慎，随时都有可能发生意外情况，前功尽弃。到了这个时候，你还会在乎多出来的 2 分钟吗？

"天问一号"经历了什么考验？

火星任务"天问一号"探测器的研制、入轨发射、深空测控均是我国自主实施，我国也是世界上第三个独立掌握火星探测能力的国家。"天问一号"的火星探测计划制定了"绕落巡"三大任务为一体的目标，这给发射场系统、运载火箭系统、探测器系统、测控系统、地面应用系统等分系统都带来了一场史无前例的考验，对发射、轨道、控制、通信和电源等技术都提出了很高的要求。

飞行过程包括发射、地火转移、火星捕获、火星停泊、离轨着陆和科学探测 6 个阶段。其中离轨着陆阶段是公认的技术难度最大的阶段，同时也是失败概率最高的一个阶段，在这个阶段，"天问一号"要经历入轨、下降与着陆等过程。

因为火星探测器在飞向火星的途中一直处于高速飞行状态，所以在着陆之前，需要先将速度降下来。着陆巡视器必须从每秒 4800 米的速度降到趋近于零，这个过程虽然不到 10 分钟，却是成败的关键。

"祝融号"有什么秘密任务？

2021 年 5 月 22 日 10 时 40 分，"祝融号"火星车驶离"天问一号"探测器的着陆平台，正式接触到火星表面，启动了巡视之旅。

这是我国的第一辆火星车。"祝融号"看上去就像是一只美丽的蓝色蝴蝶，四扇翅膀是提供能源的太阳能电池板，它装备了先进的主动悬架，具有蠕动、抬轮、车体升降等多种运动模式，不用担心车轮下陷或者某个车轮被卡住，即使局部出现故障，也不会因此丧失移动能力。这台 240 公斤的巡视车不仅能够承受火星的恶劣环境，而且具有自主休眠唤醒的能力，配置了导航地形相机、多光谱相机等 6 种科学载荷。虽然设计寿命只有 90 个火星日，但研制团队是针对火星独有的土壤、沙尘、大气、光照、温度等特点量身打造的相关功能，连电池都是用的特殊配置。

　　"祝融号"还会根据沙尘天气的轻重程度自主切换最小模式、休眠模式或唤醒模式，正常情况下，"祝融号"会以约 5.6 厘米 / 秒的速度移动。

　　截至 2021 年 9 月 15 日，"祝融号"已经在火星上行驶超过 1000 米，在这 1000 多米的旅程中，"祝融号"还路过了自己的降落伞，拍下了一张很有意义的照片。而在"祝融号"着陆点附近 3000 米的地方，有一个神秘的凹坑状的圆锥形地貌，这貌似是由熔岩或泥浆形成的火山。类似的泥火山在地球上普遍与甲烷有关，而甲烷大多是因细菌产生的，所以科学家们推测，在这个以往火星车从未去过的地貌特征区域，非常有利于探索火星生命的秘密。

火星上的冷知识

火星上面没有火，却是红色的；火星上也有日落，却是蓝色的；天知道，火星上的沙尘暴到底有多厉害！

火星为什么是红色的？

古埃及人称火星为"红色之星"，可见几千年前的古人就已经知道火

图 2.10　第一张火星彩色照片　来源：NASA

星是什么颜色了。火星本身并不发光，我们看到的火星颜色是反射太阳光的结果。但无论是观测还是拍照，我们看到的火星颜色大体都是红色，那么火星上有什么物质能让它在太阳光的反射下呈现红色呢？答案是铁元素。火星岩石含有丰富的铁质，岩石风化后成为沙尘，这些铁元素就被氧化了，形成了红色的氧化铁。

火星表面十分干燥，风力却很大，极易出现沙尘暴，富含氧化铁的沙尘四处飞扬，逐渐覆盖了整个火星，使火星从整体上看起来，就像一个红色圆球。

我们可以由此推断出，火星的氧气含量曾经是非常高的。那么你也可以猜猜看，几十亿年前的火星上是不是会有生命呢？

啊！火星上的太阳是蓝色的？

••••🪐••••

火星上的巡视车曾记录和拍摄了很多火星日落的过程，这些视频和照片里的太阳，看上去就像是蓝白色的月亮。为什么太阳看上去是这个颜色的呢？

首先，火星的大气很稀薄，密度不到地球的 1%，超过 95% 都是二氧化碳，太过稀薄的大气折射效果就微乎其微，暖色调的阳光不会被折射。而火星的大气层还会吸收太阳光中红色的色谱，颜色会朝着冷色调逐渐靠拢，火星大气中的细小颗粒会吸收蓝光，散射较暖的光，所以天空中会呈现出不寻常的颜色。就在此时，太阳所在的那个方向的尘埃颗粒会朝着观察者的方向散射出蓝光，于是，你视野中的太阳附近就有了一个蓝色的光晕，把太阳映照成了蓝白色。

图 2.11 "好奇号"拍摄的火星日落 来源：NASA

其实在地球上也能看到蓝色的太阳，当出现沙尘暴时，空气中的沙粒会把波长较长的红光散射掉，于是太阳的周围也同样会变成蓝色。

火星沙尘暴到底有多厉害？

我们已经知道，火星上的大气十分稀薄，大气压强小，密度也很低，空气中的水分极少，但沙石的数量很多，因此火星的大气容易流动或上升，造成沙尘暴。

也就是说，稀薄的大气让火星没有办法像地球的大气那样保持住地表的温度，太阳照射的地方，昼夜温差大，很容易形成大气流动，气体在赤道附近上升，在极地区域下沉，就形成了大气环流。

火星没有什么能力抵抗和吸收太阳风，太阳活动对火星沙尘暴的形成也有推波助澜的作用。所以，火星上经常有直径 1000 米左右，高度达到 10 千米的巨型烟囱式的旋涡，它们在两极之间穿梭徘徊，经过的地方还伴有闪电，形成类似于龙卷风一样的"怪兽"，感觉十分恐怖。

而且，火星沙尘暴一旦刮起来，能持续 3 个月以上，在这期间里，火星会陷入黑暗之中。沙尘暴的风速大到难以想象，速度最高时约 180 米 / 秒，要知道，地球上的 12 级台风也才 35 米 / 秒左右。

不过，火星的重力不大，沙尘暴的实际威力并不足以摧毁地球送过去的任何设备，但是火星的沙尘粒子非常细小且带有微静电，持续不断的沙尘暴可能会让它们钻入机器设备的内部，引发故障。

比如，美国 2003 年送往火星的"机遇号"，迄今都保持着火星上工作时长的纪录。它一共工作了 15 年左右，多次身处险境，九死一生，最终失联于 2018 年的一场火星全球性的超级沙尘暴。在几个月的黑暗期中，沙尘再次掩盖了"机遇号"的太阳能电池板，而这一次它再也没有醒过来。

2017 年，美国发射的"洞察号"也一度被沙土盖住了太阳能板，幸亏用机械臂采用"自杀式"的自救尝试，才成功捡回了一条命。

后来，为了确保造价高达 27 亿美元的"毅力号"火星车的表面不容

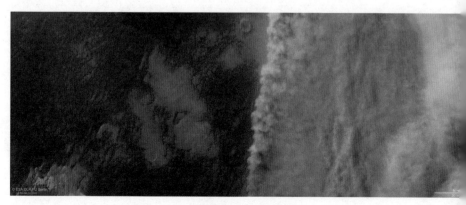

图 2.12 火星全球风暴 来源：NASA

易被沙尘吸附，不会吸收水和其他化学物质，美国人给它做了喷漆等处理，花费了几亿元人民币。喷漆完成后，还被送进了一个巨大的地热真空室中，进行了 3 天的烘烤。

火星上的新发现

截至 2021 年 9 月，共有 11 台探测器或巡视车成功着陆在火星上，有的工作了 15 年，行驶了 45 千米；有的原地不动，却捕捉到了火星的地震和风声。火星上到底有多少重大的发现，又藏有什么秘密呢？

火星的大气里有毒？

火星上大气稀薄，空气干燥，流动性强，温差大，受热不均就会形成风，风一吹尘土就会形成沙尘暴。

图 2.13　火星南极冰盖　来源：ESA

实际上，火星上的大规模沙尘暴也是比较罕见的，平均每10年左右才会发生一次。但是，火星沙尘暴形成的速度实在太快了，短短几小时就形成了，几天就能覆盖整个火星。

沙尘暴天气一旦开始，至少需要几周甚至几个月的时间才能慢慢停下来。大家都知道沙尘暴很厉害，却不知道沙尘暴还有很危险的一面，就是会产生"毒气"。

这是怎么回事呢？火星上的风速快，沙石之间高速摩擦后会产生电压很高的静电，富含二氧化碳的火星大气和空气中的水汽会在这个过程中被电离成过氧化氢（H_2O_2）。这是一种强力的氧化剂，它们会被火星表面的有机分子氧化，所以在现在的火星表面上，是很难找到生命迹象的。

如果你看过《火星救援》，此时应该能想起来，男主角种的土豆因为接触了火星大气而全部"报废"的情节吧？

火星上到底有没有水？

从人类过去几十年对火星的探索中收集到的数据来看，火星上的确是有水的，而且水量还很惊人，只是它跟我们认识中的水不太一样。一般火星上的水不会是液态的，因为在当前的温度及大气压的条件下，火星的水大多会以固态和气态存在。2003年，由俄罗斯"联盟号"火箭帮助欧洲航天局发射的"火星快车号"探测器，曾在火星的北极拍摄到了一个体积约2200立方千米的巨大冰盖。

后来，"火星快车号"上的探地雷达又在火星南极巨大的干冰极冠之下发现了一个巨大的液态水湖，至少有20千米的范围，这对人类的火星探索之旅来说，可谓是个极其重大的发现！同时也证实了火星南极和北极的极冠中大约是85%的二氧化碳干冰和15%的水冰，甚至它们的下面还有更丰富的液态水！

通过计算，如果将目前火星上发现的水冰资源全部融化成水，大概能覆盖整个火星表面约 30 厘米的深度，可见火星的水资源还真不少。

火星外壳像个三明治？

"洞察号"火星探测器还真是"大难不死，必有后福"，2021 年 7 月，NASA 公布了"洞察号"的一个重大发现，它居然探测到了火星内部的结构，这也是人类首次直接探测到地外行星的内部，对研究火星的形成和演化大有帮助。

据"洞察号"收集到的相关地震数据，初步判断火星的地壳应该有三层：地壳出乎意料的薄，地幔的温度比预期要低，巨大的铁核是液态的，并且仍在熔化中。三层理论最能匹配当前对火星陨石的相关研究，这么看来，火星像一个夹着肉片的三明治。这些发现表明，在"婴儿时期"的火星就成功地散发了很多热量——通过地幔岩石上升和地壳俯冲，形成了火星早期的动态地壳。

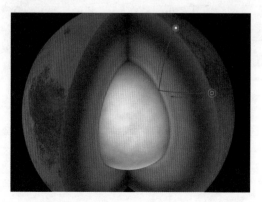

图 2.14　根据"洞察号"探测数据绘制火星内部结构　来源：NASA

中美火星车能相遇吗?

"祝融号"成功着陆火星后,着实让全世界都兴奋了,于是马上有人问:中国的火星车会不会在路上碰到美国的火星车呢?问问题的朋友"脑洞"开得可真大,那我们就来一起看看数据吧!

目前,"祝融号"和"毅力号"相距约1800千米,差不多是北京自驾到成都的距离;"祝融号"距离"好奇号"大概是2200千米,约等于从北京开车去香港的距离。而"毅力号"的前辈——在火星上活得最久、已失联的"机遇号",工作了快15年,一共才走了45千米;目前还在火星上走着的"好奇号",9年差不多行驶了26千米,现在轮子都磨坏了。

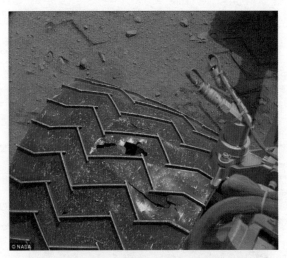

图 2.15 "好奇号"磨坏的车轮 来源:NASA

而"祝融号"用100天走了1千米,"毅力号"的速度虽然可达120米/小时,是"好奇号"的6倍,但就算"毅力号"按照这个速度开足马力地走上一年,直线距离也不过勉强能到1000千米左右,当然在火星的恶劣环境下,它是不可能这么走的。也就是说,要想让它们几个火星车相遇，可能要等到它们一起被摆在火星博物馆里的那一天。

火星五大新发现

····𝄢····

1. 火星发现液态水证据

2007 年，"凤凰号"火星车直接挖出了水冰。2015 年 7 月，在火星的夏季阶段，终于在火山口壁和峡谷坡上找到了液态水存在的确凿证据，NASA 的研究团队在 4 处沿火星坡地延展的暗色条纹中都发现了水合盐类，这一现象强有力地证明了液态水的存在。据推测，应该是由地下冰 / 水层上升或大气中水分凝结而产生的。

"好奇号"进一步发现了存在间歇湖的证据，在耶洛奈夫湾发现了生命生存所需的新鲜水源和其他化学成分，黏土矿物的发现则揭露了一个事实：在火星历史上的这个区域的某个时间段里存在过流动的水。

图 2.16 "凤凰号"挖出的水冰 来源：NASA

2. 火星大气流失之谜

NASA 的"火星大气与挥发演化"（MAVEN）探测器曾对火星大气进行研究，结果表明，火星上空盘旋着大量来历不明的尘埃云，这应该是彗星或小行星穿越太阳系时留下的颗粒，也就是行星际尘埃。而火星并没有与地球一样的磁场来保护自己，所以不断遭到太阳辐射的袭击。尤其是在太阳系形成的早期，太阳风暴更加常见和猛烈，风暴发生时，大气流失的效果会更明显，火星上的大气也就这样不断地被太阳风吹走了，长年累月下来，造成了火星缺少大气和水的现状。"好奇号"也发现，火星的大气层中缺乏甲烷，因为它在盖尔陨石坑里只探测出极少的甲烷气体。以此推断，远古时期的火星环境或许有利于生命的生存，但现在的火星存在生命的可能性就大大降低了。

3. 远古湖泊与生命痕迹

从 2012 年着陆红色星球开始，"好奇号"就在火星上不断有一些新的发现。种种迹象表明，盖尔环形山有过一个远古的湖泊，其底部的地形在湖泊时代就不断发生着变化，水流曾将泥沙与碎石带到这个巨大的盖尔陨石坑中。因为在这个陨石坑的中心有一座被称为"夏普"的高山，这里竟然有约 5000 米高的沉积物堆，陨石坑内岩石的多样性令人惊叹，因此这个湖泊应该持续存在了数万年之久。而达到这个时间长度的水域附近，极可能使河流和三角冲击洲的湿地曾有过生命产生。

4. 火星存在地下液态水

2015 年，"好奇号"探测车在火星的表面以下发现了存在液态水的迹象，根据在盖尔陨石坑中测量的温度，推算这里很适合存在含盐的液态水。这个"盐"是指"高氯酸盐"，它能将水的冰点降到 -70℃左右，可以使火星的表面很潮湿，而这种液态水也被戏称为"卤水"。

5. 火星上存在极光现象

MAVEN 探测器发现，太阳风的高能粒子能激发火星大气中的分子，产生类似于地球"极光"的现象。而由于火星周围缺乏磁场的引导，这种"极光"可以出现在很大的范围内，因为火星车没办法观测到火星上的"极光"，所以只能从理论上判断火星上的极光是存在的，并且在可见光波段里是红、蓝、绿 3 种颜色。

哪些黑科技上了火星？

太空探索离不开黑科技，去火星则需要更多的黑科技，有多少人类的顶尖科技被送上火星，而它们又有怎样的发现呢？

火星车的核动力

·····🜨·····

2012 年 8 月 6 日，"好奇号"探测车登陆火星。这个重量达 1 吨左右的火星车使用的是六轮驱动的核动力，以一种核电池作为动力，至少可以用 14 年之久。

图 2.17 "好奇号"放射性同位素热电发电机 来源：NASA/JPL

一般来说，卫星用的核电源有两类：放射性同位素温差发电器和核反应堆电源。前者功率较小，为几十瓦至几百瓦；后者功率较大，可达数千瓦至数万瓦。电影《钢铁侠》中，男主角的人造心脏就是一个小型的核反应堆。美国曾在"海盗号"探测器、"先驱者10号"和"先驱者11号"探测器、"旅行者1号"和"旅行者2号"探测器上使用了一种名叫"同位素温差发电器"的装置来作为它们的电源。而苏联在1967—1982年共发射了24颗核动力卫星，它们都属于海洋监视卫星。

简单来说，核动力就是利用可控核反应来获取能量，从而得到动力、热量和电能。原理：当裂变材料（如铀-235）在受人为控制的条件下发生核裂变时，核能就会以热的形式被释放出来，这些热量可以连接发电机来产生电能。

由于探测器坠毁时会对大气和地球造成污染，因此核电源的使用会受到一些安全上的限制，大多是用在地外行星的探测中，采用核电源也成为越来越多任务的首选。毕竟，远离太阳时，难以利用好太阳能电池。

《火星救援》电影中，男主挖出了RTG（放射性同位素热电发生器）来取暖，这种RTG就是现在的火星车普遍使用的核电装置。

谁第一个听到了火星上的声音？
···· ⬅🪐 ·····

2018年11月底，着陆火星的美国"洞察号"配备了两个仪器：一个非常灵敏的地震仪和一个能够刺穿火星土壤深达5米的德国制造的热流探针。地震仪可以监听火星下涌动的地质能，倾听火星内部隆隆的震动声，它收集到了超过500次"火震"，火星震动没有地球那么频繁，但比月球的震动次数要多。

图 2.18 "洞察号"的地震仪　来源：NASA

　　探测器上有 NASA 出品的"气压传感器"，配上法国提供的"地震仪"，通过这些灵敏的传感设备竟然无意中捕捉到了一段来自火星的风声，这也是人类首次"听"到火星的风声。在此前的火星探索史上，从来没有一台探测器携带过收音设备，所以人类也从来没有收集过火星上的声音。

　　"洞察号"探测器有两个太阳能电池板，像两个大大的翅膀，风吹时引起了震动，地球上的科学家们将接收到的数据的声音频率提高了几百倍后，人的耳朵就清晰感受到了这段约 20 秒的火星的风音频，听上去像是低沉的"轰隆"声。这发生在艾利希平原上，当时风由西北往东南方向吹，风速约为每秒 5~7 米，这个风向与火星轨道上观测到的着陆区沙尘条纹方向完全一致。后来，2021 年 2 月 18 日登陆火星的"毅力号"，几天后就用麦克风直接录下了火星的声音并传回了地球。

火星上有激光武器？

号称人类最强火星车的"毅力号"，在 2021 年 3 月 11 日分享了一首最新的火星"原声单曲"。这次是靠一个名叫"SuperCam"的设备的麦克风，它记录了"火星上的一段激光击中岩石后的声音"，在这段音频中，有 30 次"击中岩石"的声音，不过声音并不暴力，而是一种柔和的滴答声。

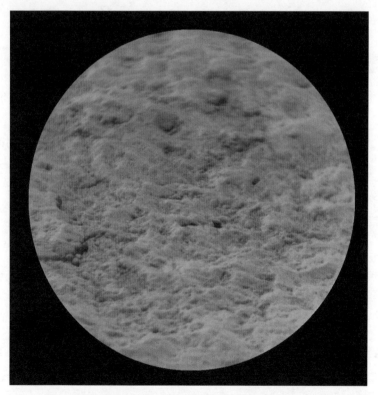

图 2.19　被激光轰击的火星岩石"玛兹"（Máaz）　来源：NASA

通过声音，可以判断出目标岩石距离"毅力号"大约3米。SuperCam是针对"好奇号"上的ChemCam摄像头的一次大升级，其强大的激光工具可以从相当远的地方击中小岩石。SuperCam利用直径不到1毫米的激光束，将目标瞬间加热至大约9982℃，通过超短脉冲激光聚焦在火星的岩石表面进行轰击，从而形成等离子体（一种由电子、离子、原子、分子及活性自由基组成的离子化气体状物质），之后再对该等离子体发射光谱进行分析，以确定火星岩石的物质成分及含量。

这块被击中的火星岩石名叫"玛兹"（Máaz），具有玄武岩成分，是一块火成岩（火山喷发后，岩浆冷却形成的岩石）。

在火星制氧？ So easy!

根据美国国家航空航天局提供的数据，未来如果4名宇航员在火星上工作和生活1年，可能会需要1吨左右的氧气。

那这1吨的氧气从哪来呢？别担心，在火星造氧并没有很难，因为第一份"火星氧气"已经造成了。"毅力号"火星车上有一个名叫"MOXIE"的装置，它的质量为15千克，功耗为300瓦，要在火星上给一名宇航员持续供氧，至少同时需要3个这样的装备。

这个设备由美国麻省理工学院设计，采用如镍合金的耐热材料制成，能承受800摄氏度的高温，预热后的它，每小时能制造约6克氧气。它是利用电和化学的方法，将二氧化碳分子中的1个碳原子和2个氧原子进行分解，有了这项技术后，人类就能在火星上相对舒适地生活了。未来的探险者们还可以用它来制造氧气，作为火箭的推进剂回到地球。4名宇航员离开火星需要大约7吨火箭燃料和25吨氧气，这就需要建设一个超大的"MOXIE工厂"了。

好在火星大气中 95% 以上的成分是二氧化碳，原材料是足够的。

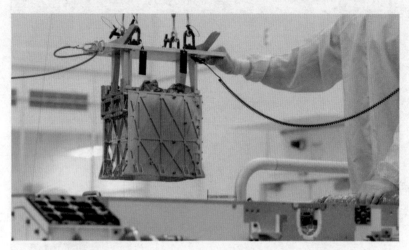

图 2.20 "毅力号"上的制氧仪器（MOXIE） 来源：NASA

无人机飞到了火星上？

跟着"毅力号"火星车着陆的，还有个半米高的小家伙，它就是被叫作"Ingenuity"（机智号）的无人直升机，这个名字来源于美国一名高中生的提议。这台小型双螺旋桨直升机造价约为 5.5 亿元人民币，只有 1.8 千克，大概是 12 个普通大小的苹果的重量。为了保持它的轻便，JPL（喷气推进实验室）并没有给它配备大功率的充电锂电池，也没有携带科学仪器，但是底部有两个摄像头，两套成像系统分别是一台 30 万像素的宽视场全景导航黑白相机和一台 1300 万像素的彩色相机。因此它的任务主要是做"技术验证"，为人类展示在火星大气中飞行所需的技术，并提供前所未有的独特视角。

图 2.21 "机智号"火星无人机 来源：NASA

虽然"机智号"的顶部有太阳能板进行充电，但充一天也就能飞 90 秒，最远可飞 300 米。"机智号"是由两片反向的螺旋桨提供升力的，单个叶片的长度是 1.2 米，转速可达 2500 转 / 分钟以上，是普通机型的 8 倍以上，垂直起降速度可达 3 米 / 秒，飞行速度大约 10 米 / 秒。

按照在地球上制订的计划来看，这台小型直升机在一个月内要执行 5 次飞行试验，飞行难度会一次比一次高。比较悲壮的是，最后一次是自杀式任务，就是无限地飞高，直到失控。

在这之后发生的事情大多数人都没有想到，"机智号"的飞行表现近乎完美，不断刷新着纪录。在完成第四次飞行任务后，NASA 直接宣布修改它的任务计划：只要它能飞，就不再限定飞行次数，会让它一直飞下去，直到飞不了的那一天为止。截至 2021 年 9 月 18 日，"机智号"完成了 13 次飞行，飞行里程已超过 1800 米。

图 2.22 "机智号"首飞时拍摄的图像 来源：NASA

那些探索
火星的勇士

去火星非常危险，马斯克曾说过，第一批去火星的人可能要做好失去生命的准备。而有那么一群人，为了成为最早到达火星的地球人，一直在努力。

3 岁就向往火星的人是谁？

人类登上火星的那一天似乎还遥遥无期，可有人却在 3 岁时因为一部动画片《花园小子》就被火星深深吸引，立志自己一定要到达那里，她就是美国路易斯安那州的一名名叫艾丽莎·卡森的女孩。

如今她已经是全世界知名的"火星人"之一，过去的十几年一直在为登上火星做准备。艾丽莎是唯一参加了 NASA 全部 3 次世界太空夏令营的人，她 4 岁开始接受训练，精通西班牙语、法语和中文，凭借自身的优秀表现，小小年纪的她竟然在 NASA 拥有自己的专属呼号——蓝莓。按照 NASA 的惯例，年满 18 岁才有资格申请成为宇航员，但艾丽莎因在航天服训练、离心机训练、微重力训练等一系列太空模拟任务中都表现得很优异，于是以历史上最年轻毕业生的身份拿到了高级太空学院的毕业证书，17 岁就拿到了 NASA 的"火星宇航员"训练入场券。如今 2001 年出生的她已经 21 岁了，目前正在参与 NASA 的"2037 年火星载人探测计划"（之前定在 2033 年）的准备工作。

她曾在一次采访中解释了自己想要去火星的原因："因为那是一个没有人到达过的地方，我自始至终都想成为一名宇航员。"因为艾丽莎的爸爸是一名 NASA 的工作人员，父女俩多次讨论过登陆火星的任务，并谈到了如果前往火星，艾丽莎很有可能无法回到地球。但艾丽莎却表现得很乐观，认为科技的高速发展肯定会让火星旅行成为现实。

到了 2037 年，如果艾丽莎能够如愿登上火星，初步计划是在火星待两年。于是有人大胆地预言，如果她能够成功返回地球，或许能够成为美国历史上的第一位女宇航员总统。

马斯克还有个火星导师？

有一本名叫《赶往火星：红色星球定居计划》的书，对马斯克的火星计划影响非常之大，书的作者就是火星学会的创始人罗伯特·祖布林。而马斯克针对火星探险的很多想法，可以说吸收了很多祖布林在书中的观点，尤其是在火星上生产返航的燃料等方面的构思。因此，有人说祖布林是马斯克的火星导师，《赶往火星：红色星球定居计划》就是 SpaceX 公司的商业计划书。

祖布林博士非常乐观，与马斯克的私交也很不错，他曾预言 2030 年前，人类将在火星上常驻，2100 年前，火星将会出现百万人口的大城市。当然，根据现在的进展来看，祖布林有点太过于乐观了。不过马斯克当年也曾宣布在 2026 年前实现载人飞往火星的目标，或许火星梦想家们都有这么积极的心态吧。

在 20 世纪 80 年代末至 90 年代初，祖布林就首次提出了"火星直航"的计划，用一种名叫"ERV"的飞行器在地球上发射，它能用 6 个月左右到达火星，航天器上还装有核动力漫游车。现在看来，这个观点还是非常超前的，美国已先后把"好奇号"和"毅力号"漫游车送上了火星，并都采用的是 RTG（同位素温差发电机）核动力装置。

只不过，马斯克的 120 米高的超级巨无霸火箭还没有正式试飞，小飞船直航的这个方案应该暂时无人考虑。

狗会比人先上火星？

人类第一次把狗送上太空，是在 1957 年 11 月 3 日，一只名叫"莱卡"的流浪狗被"史普尼克 2 号"航天器送入太空。残酷的是，这次任务并没有设计回收机制，"莱卡"也在几个小时后死于高温。它的死引发了一场争议，后来的太空动物实验的规则被改变了，动物实验被要求使用可回收的飞行器来执行任务。

不过，今后的实验也不一定非得是一只活着的狗来参与。比如，大名鼎鼎的波士顿动力机器小黄狗（Spot）就很可能参与一些太空任务。Spot 在 SpaceX 公司的内部有个称呼——"宙斯"（Zeus），人们多次在 SN 星舰测试机的爆炸现场见过它的身影。这是一款狗形态的商用机器人，价格约为 53 万元人民币，装有摄像机和传感器，能在危险环境进行现场侦察和收集数据，所以将它用在了人不太适合出现的地方。

其实，不光是马斯克在用它，NASA 和加州理工学院的研究人员也早就在研制一种改进款，名叫"火星犬"（Au Spot）。它能在 -20~45℃的极端环境中工作，能够以那些典型轮式火星漫游车（如"勇气号""机遇号""好奇号"和"毅力号"）无法做到的方式行动，轻巧、紧凑且移动迅速，可以轻松穿越复杂地形，跌倒了还能马上爬起来，至少具备 6 个小时的续航时间，而体积只有"毅力号"的 2.6%，质量是"毅力号"的 4.6%，测试期的速度就能达到 5 千米 / 时，是"毅力号"的 38 倍。

"火星犬"携带摄像头、雷达、红外传感器、定位系统等，能够以 3D 的方式安全、自主地扫描、导航和绘制环境地图，实在太适合探索火星了，这应该是继"机智号"无人直升机之后登陆火星的下一个黑科技新产品。

马斯克为什么要葬在火星？

2020 年 12 月，马斯克在德国柏林的一个颁奖典礼上接受采访时表示，SpaceX 将在 2026 年前将人类送上火星，并开玩笑地表示自己"愿意死在火星上，只要不是摔死的"。在 2016 年 9 月举行的"国际太空大会"上，马斯克曾强调："如果一切顺利，人类登陆火星可能会在 10 年内实现"。

如此看来，马斯克当年定下的时间计划表并没有什么变化。只不过，美国得克萨斯州博卡奇卡村的星舰开发进展，并没有像马斯克希望的那么快，星舰也没能在 2020 年 3 月进入地球轨道的测试，或许是受到疫情的影响。马斯克同时也承认，要想实现载人飞行，仍有许多里程碑任务需要完成，至少还需要完成"数百次的任务"。

有"钢铁侠"之称的埃隆·马斯克在硅谷被视为"来自未来的人"，太空是马斯克儿时的梦想，他 12 岁就卖掉了自己编程的太空电脑游戏，获得了 500 美元。2002 年，马斯克从 PayPal 套现了 1.7 亿美元之后，他做的第一件事并不是创立"特斯拉汽车"，而是成立了美国太空探索技术公司——SpaceX。因为在当时，马斯克发现 NASA 居然没有一个切实可行的去火星的计划，于是他决定亲自来完成这件事，终极目标就是在 30 年内前往火星，让人类变成多星球物种。如今，20 年过去了，马斯克与火星确实越来越近了。

走，出发 去火星

当有一天，我们具备了去火星的一切条件，那么应该要做好哪些准备工作？有哪些航天技术会帮助我们解决旅途的难题并更快地适应火星的生活呢？

去火星要做哪些准备？

去火星之前，首先你得锻炼好身体，得像"火星女孩"艾丽莎那样去训练。因为飞向火星最大的挑战其实是在长期的飞行任务中，保证人员的安全。前往火星将会使人长期处于高辐射环境下，可能面临癌症、骨质疏松、免疫问题等风险，同时还有孤独等潜在的心理因素威胁。所以，人类在太空中的身体健康至关重要，甚至可能还要利用生物基因技术增强抗辐射能力。

接着，在着陆前，必须找准一个合适的登陆地点。由于风险很高，选择登陆点这项工作必须十分谨慎，需要反复推敲细节，一个平滑、平整且平坦的地方更安全，因为岩石地形可能会损坏飞船，而斜坡则可能导致飞船侧翻。从目前来看，火星的赤道地区或许是最适合人类的登陆点，这里的地表温度相对适中，那些使用太阳能的探测器，非常需要赤道地区强烈的日照来提供能量。当然，说这些早了点，必须先完成"恐怖7分钟"的降速操作。

最后，一个不可或缺的生病保障系统必须要提前准备好，氧气是人类生存的必要条件，因此，制氧是必须解决的问题。好在"毅力号"上的

MOXIE 装置证明，火星上大量的二氧化碳"原材料"让制氧工作变得简单。

火星上早就发现了水冰，大概率还能找到比较丰富的地下水。虽然火星上的水饱含高氯酸盐，但净化的难度也没那么大，至少要好过从地球上把水运过去。

去火星到底要多久？

火星每隔 26 个月左右，会与地球的距离比较近，大概在 5500 万千米。所以，想去火星旅行，最好提前选个合适的日子，因为以现在的科技水平，去火星最少需要 180 天左右，也就是半年。

当然，也有一些科学家认为，核动力的飞船可以把航程缩短到 40 天左右，虽然核动力飞船的速度确实很惊人，但想在几年内就造出来不太现实。之前，牛顿和开普勒等前辈奠定了航天探索的轨道动力学理论基础，超过第一宇宙速度（7.9 千米/秒），就能进入地球轨道；达到第二宇宙速度（11.2 千米/秒）也叫作逃逸速度，航天器可以通过变轨等方式到别的星球轨道上；但如果不能超过第三宇宙速度（16.7 千米/秒），在太阳系旅行仍然非常艰难。

先回到现实里，人类为了征服红色星球，各国都拿出了自己的王牌火箭来做火星任务。俄罗斯曾使用过质子 K、质子 M、天顶、联盟 FG 等火箭；美国使用的是泰坦三号、德尔塔 -2 和宇宙神 -5 等系列火箭；印度的 PSLV 火箭曾成功发射了"曼加里安号"探测器；而日本则使用 H-IIA 帮助阿联酋把"希望号"探测器送去了火星；中国的"天问一号"乘坐的是长征系列目前最强的火箭——长征五号。

当然，不能忽略马斯克创办的航天私企 SpaceX 的"猎鹰 9 号"重型火箭，还有 120 米高的超级巨无霸星舰的组合体飞船。

真有用于星际飞行的休眠舱？

· · · ● ● 🪐 ● ● · · ·

人类真的能去火星吗？在很多科幻电影中，宇航员们面临长途的星际飞行时，一般都会进入某个休眠舱。现实情况如何呢？现实基本差不多，以现在的技术，人类实现无伤害冬眠和唤醒是必须要突破的技术难题，往返一次火星需要 500 多天，而在更快速度的核动力火箭和飞船被研发出来之前，180 天的单程时间是必不可少的。欧洲航天局提出的方案是，宇航员在入舱前要先增加脂肪，之后通过服用特殊的药物进入"麻木"的冬眠状态。

一家名叫 SpaceWorks 的美国公司已经获得 NASA 的两轮资金，

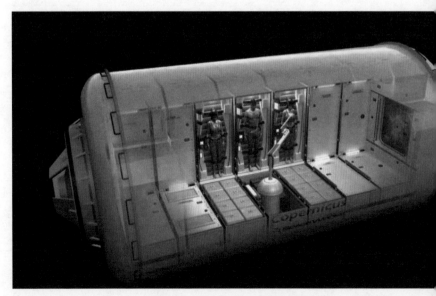

图 2.23　SpaceWorks 休眠舱示意图　来源：SpaceWorks

他们设计的冷冻休眠舱可以让宇航员在药物诱发的低温下休眠 14 天，清醒 2~3 天后，换班再让其他宇航员进舱休眠，这样可以解决很多因为旅途时间过长带来的问题。

所以说，如果生物基因技术再取得一些突破和进展，或许能让人类拥有一些动物的特殊能力，也许那时才是人类征服火星的开始！

火星服与月球服还有区别？

去火星的宇航服和登月的宇航服一样吗？当然不一样，每个星球的情况都不尽相同，所以必须穿上有针对性、独立设计的衣服。比如去北极得穿羽绒服，而去海南穿件短袖可能更合适，就是这个道理。当然，选择宇航服的复杂性远远超出你的想象，如温度、气压、重力、辐射、风速、沙石、尘土都是要考虑和计算清楚的，设计上得按照出舱时间、任务目的和性质来进行。比如，火星与月球的共同点是，空气稀薄、引力小、温差大、气压低、磁场弱、辐射强、尘土细，这样看上去，差得好像也不是太多。

它们的不同点在于，月球几乎没有风，而火星上有沙尘暴；月球土质松软，火星地形则更复杂。但火星服和月球服预计会有 70% 左右是相同的，只不过火星服要求更高一些，比如针对宇宙辐射的防护能力必须要更强。火星的重力比月球大，火星服应该比月球服更加轻便和灵活，还要有更好的抗冲击性。另外，还要考虑火星服破损后的修复问题，各部件应该都是可以灵活更换的，这样就方便维护了。至于相关的零部件，用 3D 打印技术复制就好了。

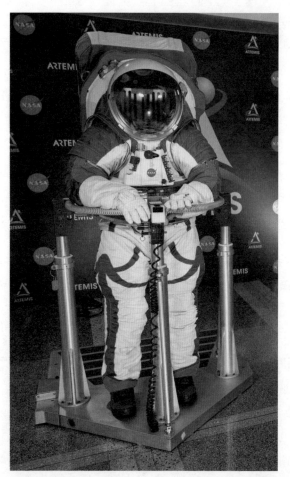

图 2.24 美国航天局新一代登月宇航服　来源：NASA

去火星要改变基因？

相信大家都看过《X 战警》《蜘蛛侠》《绿巨人》《美国队长》《阿凡达》等科幻大片，人类有时候通过刻意或偶然的方式，比如使用了特殊的药物、通过手术和生物技术，或被神秘物质改变了自身基因，突然会变得很强大，完全超出了原有的能力。而在不远的未来，这些情节可能不再专属于电影了，而是部分成为现实。根据过去的一些科学研究表明，如果人类要在火星上长期居住，可能需要变成一名"非人类"。

这不是在描绘小说情节，在可以预见的未来 10 年左右，火星载人任务的发射，对于宇航员来说都会很艰巨，因为他们在旅程中必须同时承受各种高辐射的载荷，尤其是在微重力的环境下，还会面临骨质流失和其他各种危险。当然，这些人类的先行者们，理论上还是可以相对健康地返回地球的。不过，专家们认为，如果地球人想永久居住在火星或者其他任何一个地外行星上，为了保证健康和安全，或许需要对基因进行一些调整。

在 2020 年 5 月 12 日由纽约科学院举办的主题为"陌生的火星：太空殖民的挑战"的线上会议上，来自休斯敦月球与行星研究所的女科学家肯达·林奇明确表示，如果人们想要在火星上生活、工作和繁衍的话，就需要基因编辑和其他先进的技术一展身手。她认为，"到了火星的殖民时代，这些技术就会显得十分重要甚至是必需的"。

其实，基因增强技术早已不再是科幻小说的想象了，有科学家已经在实验室里给人类细胞中注入了著名的缓步动物的代表——水熊虫的基因。

水熊虫是地球上已知的生命力最强的生物，可以在没有防护措施的条件下在外太空生存，在接近 6000 米海拔的喜马拉雅山脉也曾被发现过，在温泉、南极、深海等各种环境下都能生存，在 −20℃ 的恶劣环境中甚至能存活 30 年以上，也被人称为"地表最强，与太阳同寿的生物"，大家经常拿它开玩笑，宣称"只要太阳不爆炸，水熊虫就会一直存在"。来自纽约市康奈尔大学医学院的一位基因学家，同时也参与了这次线上会议的克里斯托弗·梅森表示，那些基因被编辑过的细胞相比于其他的同类细胞，表现出了更强的辐射耐受性。梅森一直在研究长期飞行对 NASA 宇航员斯科特·凯利的影响，这位大名鼎鼎的宇航员曾于 2015 年和

2016 年在国际空间站上停留了 340 天的时间，完成了 NASA 的"最长宇宙计划"。

　　如果宇航员们真的具备了水熊虫的某些能力，不仅能够更轻松地长居火星，甚至还会走得更远，比如到达一些更陌生也更危险的地方。

我们已经知道了，火星的环境十分恶劣，人类要想把火星作为移居之地，必然要对火星进行大量的改造工作，或许有一天，它也能成为地球人真正的家园。

天然卤水有用吗？

火星上有水，已经不是什么新鲜事了。在 2015 年 9 月，NASA 就已经高调发布火星山丘上类似河谷的照片，证明火星表面可能存在液态水。

2018 年，《科学》杂志报道欧洲航天局的"火星快车号"探测器也发现了一个直径达到 20 千米的地下水富集区域，认为可能是火星上首个被发现的巨大湖泊。但你有没有想过，这些水是不是能喝？其实，由于火星大气太过于稀薄，温度也太低，稳定的液态水无法在火星表面长时间维持。

不过，盐的存在能创造液态物质，比如"卤水"，这种物质可以在火星条件下保持一段时间的稳定。

看到"卤水"，你脑中的第一反应是不是做饭的卤汁呢？其实这里的卤水，真正的学名是"高氯酸盐水溶液"，有毒，不能食用。我们都知道，在地球上，纯水通常在 0℃时结冰，但如果在水里加一些盐，冰点就会降低。而火星上的这些"卤水"中含有高氯酸盐，可以大大降低水溶液的冰点，对于夜晚很寒冷的火星来说，正是由于高氯酸盐的存在，水才可能保持液态，不被冻成冰。

这些"卤水"的性质和温度决定了它们可能并不适合地球上的微生物生存，人当然也喝不了，但未来的某一天，或许我们有能力在火星上直饮这些转化后的"卤水"。而现在，美国华盛顿大学麦凯维工程学院的教授维贾伊·拉马尼团队已经开发出了一种转化装置，能将这些"卤水"转化为燃料和氧气，为人类从火星返回地球提供了更多的机会。

2021年5月在《自然－天文学》发表的一篇论文表明，火星上的液态"卤水"或许比之前认为的更常见，存在时间也更长。这篇论文指出，这些"卤水"的性质和温度决定了它们并不适合地球上的微生物生存，但将成为下一步人类探索火星的重要目标。

用核弹改造火星？

火星是与地球距离最近也最相似的行星，目前最缺少的就是像地球那样的大气层，移民火星当然缺不了地球人呼吸的环境。

马斯克曾透露过一个宏伟的计划：他认为使用一万颗左右的核弹来爆破火星的两极，就能提高火星的气温，还会产生类似于地球的大气。但是这一计划遭到了俄罗斯国家航天集团执行总监亚历山大·布洛申科的质疑，他认为，即使使用最新的科技把火星进行"地球化"的改造，一万颗核弹也远远不够，人类当前并没有能力将火星或金星改造成类似地球气候和环境的星球。

面对质疑，马斯克轻描淡写地在社交媒体上表态："没问题！"马斯克认为，这项计划的实现需要较长的时间，通过在火星表面引爆核弹，逐渐释放二氧化碳至火星大气层，爆炸时会释放出大量热辐射，包括可见光、红外线和紫外线等。通过马斯克的初步推算，核弹爆炸释放的能量中，热量占 35%~45%，这意味着巨大的热量会在短时间内迅速形成，这些热量可用于加热火星的大气层。

图 2.25 核弹爆炸 来源：Alexander Antropov

同时，马斯克还有另一项雄心勃勃的改造计划，就是利用数千个人造卫星作为太阳光的反射器，对火星进行进一步的"加热"。当然，这一切的想法都是源自马斯克的火星殖民计划，马斯克所说的这个最快在2026年就可以"落地"火星的人类太空计划当然是一个超级大工程：20万美元的单程票，40年建立火星城市，2050年之前将100万人送上火星。疯狂的马斯克一心想成为火星上的"地球人领袖"，他曾多次表态，一旦他去了火星就不会再回地球了，他愿意把自己埋葬在火星。

在地球上模拟火星生存？

2021年8月，NASA启动了一个"志愿者招募计划"，被招募的志愿者将在2022年参与一个为期一年的火星生活模拟任务。一共有12个入选者，他们将分成3组，每次4个人，从2022年的秋季开始进入一个以3D打印技术建成的、面积约为158平方米的封闭空间中，这里没有窗户，只能吃人造的太空食品，不过大家可以种一些植物来调节环境和心情。只不过，这一年里得完全与世隔绝。之所以这样做，是为了在2037年之前成功地帮助NASA把人类送到火星上生活。

当然，这并不是人类第一次进行火星生活模拟了。2007年，由俄罗斯主导，多个国家合作开展过一次"火星-500"计划的模拟试验。试验分为3个阶段，第一阶段是为期14天的评估测试，从2007年11月15日开始到2007年11月29日结束；第二阶段是一个105天的优化模拟试验，从2009年3月31日到2009年7月14日；第三阶段全程520天，完全模拟前往火星并返回地球的试验，于2010年6月3日开始，2011年11月4日结束。

有6名志愿者参与了最后阶段的测试，分别来自俄罗斯、中国、意大利和法国，来自中国的志愿者王跃是中国航天员科研训练中心的一名教员。这是目前为止关于太空飞行最长的隔离模拟试验，但当时技术有限，很多环境无法实现。志愿者面临各种极端挑战，包括资源限制、设备故障、通信延迟和其他环境压力。

而 NASA 的这次火星模拟生存任务，参与的志愿者年龄在 30 岁至 55 岁之间，必须是身体健康的美国人，还要满足一些特殊的要求，比如不吸烟，精通英语，拥有科学技术、工程数学等领域的硕士学位，其中最难的条件应该是需要具有至少两年的相关专业经验或至少 1000 小时的飞机驾驶经验。其实，这样的要求几乎是准宇航员的标准了，但实际上，即使是按照这么高的要求招募和训练，未来想要在火星上生存还远远不够，毕竟在火星生存比我们想的还要难上至少 100 倍。

2035 年去火星最好？

· · · · ⊘ · · · ·

人类到底什么时候去火星？ NASA 的计划一直都不是太明确。2021 年 9 月公布的一项研究表明，这个时间基本可以定下来了，来自俄罗斯、德国和美国的一些科学家组成的团队发现，2035 年应该是最佳的时机。

一直以来，空间辐射都是人类长时间太空飞行中最大的威胁之一，为了降低辐射伤害，甚至有科学家在研究如何改造去火星的人类的基因。研究团队发现在太阳活动极大期，太阳粒子可以对付宇宙射线，活跃的太阳粒子会使最危险的宇宙射线产生偏转，这样航天器只需挡住来自太阳的辐射就行了，大幅降低了设计航天器的技术难度。

太阳活动是以 11 年为一个周期而变化的，太阳活动的下一个峰值预计在 2025 年出现，只不过 3 年后就让人类去火星有点不太现实，所以在下下一个峰值出现的 2035 年的火星窗口期送宇航员飞向红色星球就成了更合理的选择。不过很多人怀疑马斯克不是这么想的，或许他已经在盘算着抢在 2025 年送人去火星，之前他就说过要在 2026 年实现人类登陆火星，毕竟到了 2035 年，马斯克也 64 岁了。

火星上能吃什么?

如果到了火星,我们能吃点啥?土豆真的是人类最好的选择吗?或许,地球上的科学家已经做了一些准备,能让我们在火星吃得更好。

火星上真能种土豆吗?

在 2015 年的科幻大片《火星救援》中,影片的男主角马特·达蒙饰演了一位登上火星的植物学家,大家应该还记得这位男主角种土豆的场景。只不过植物生长并不直接依靠土壤本身,土壤只是作为二氧化碳、水和其他营养的载体,而植物生长主要是循环利用水、气、肥料等物质。

男主角在温室中铺的火星土壤只有 10 厘米厚,这个厚度显然是不够的。如果土豆埋得不够深,长出来的那部分吃了会让人中毒,因为太阳光照射下的火星空气会产生过氧化氢等有毒物质。

现实中,真有植物学家曾在卫星中的载荷模拟了火星环境并种植了土豆,长势居然还挺好的。从"机遇号""好奇号"等火星车测量到的火星土壤的成分来看,其中有足够的钙、钠、磷、镁、铝、铁等元素,唯一匮乏的氮元素,完全可以通过人类的大小便来补充。

所以理论上,在火星上完全可以种出土豆来,或许第一批火星人类能吃上的新鲜食物,真的就是土豆。

此外,科学家们已设计出了一种可充气的温室,能在地外环境中种植蔬菜,利用藻类植物将会是火星上植被和食物的一个完美解决方案。

"星际移民，藻类先行"，是目前最流行的说法，很可能也是最可行的方案之一。

为什么藻类最合适？

火星的现状是辐射强、气压低、含氧少、温差大、沙尘漫天，这与早期的地球很相似。25亿年前的地球上，或许只有一些微生物，其中有一类能在极端环境下生存的微生物就是藻类。它们在海洋中大量繁殖，利用光合作用吸收二氧化碳，释放氧气，经过了漫长的过程后，把地球上大气的含氧量逐渐地提高到1%以上，为后来高等生命的进化提供了必备条件。

所以，现在的火星要想存在生命，还得从一些微生物开始，比如蓝藻。藻类在构建再生式生命保障系统中的优势比较显著，这也是空间站上已做过的科学验证之一，比如培育1立方米的藻类可以产生的氧气量与种植15平方米的高等植物相当，但藻类大大地节约了空间。藻类的蛋白质含量很高，还含有不饱和脂肪酸等成分，营养价值也相当理想，它居然还能处理含氮磷等物质的废水，以实现循环。

如果人类把培养藻类与养殖鱼类等水产相结合，将为航天员有效地提供动物性蛋白质。在西班牙的"蒂列斯"盐湖中，发现了可能能在火星上生存的一种藻类，名叫杜氏盐藻（Dunaliella salina）。一般来说，微生物根本无法在盐水中生存，因为水分会从细胞中被"挤"出来，而盐生杜氏藻并不会这样。在这个神奇的湖中，还发现了忠清南道盐单胞菌（Halomonas gomseomensis），这可能又是个能在火星上生存的物种。

这些惊人的发现说明，人类离火星或许又近了一步。

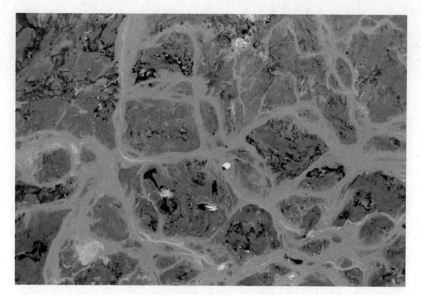

图 2.26　蓝藻　来源：Armennano

外太空离不开人造肉？

在火星生存，比较乐观的情况是可以种一些植物，若能比较方便地解决水源问题，应该还可以在舱内养些特殊品种的鱼虾等，但是饲养鸡鸭牛羊等牲畜就不太可能了。可是，如果我们想在火星吃上点肉类，除了用地球的飞船运过去，就没有别的办法了吗？要知道，运 1 千克肉至少要花费 1000 万元人民币。

不过，2019 年，俄罗斯和以色列的科学家已经在国际空间站里运用 3D 生物打印机，成功制造出了首块太空人造肉。采用了先进的体细胞再生技术，无论是外观还是口感，都跟真实的肉十分接近，几乎能以假乱真，吃起来也是幸福感满满的。

现如今，人造肉已经是全球最具潜力的未来食品之一，比如环保达人、前世界首富比尔·盖茨也在重金投资人造肉项目。一旦人造肉技术在外太空广泛地应用起来，将会帮助人类在未来的太空旅行和殖民火星时，补充肉类蛋白质，以提高身体素质和生活质量。

火星房产也能投资吗？

除了月球，火星也被一些开发商看上了，对于火星城市的打造，不仅是马斯克有想法，还有很多人类创意也在等着实现。

第一批火星人到底住哪？

如果一切顺利的话，人类会在大约 10 年之后实现登陆火星并进行探索。而这个旅途是非常漫长的，宇航员们着陆火星后，会在航天器内生活很长一段时间，但长期保持这种"囚鸟"般的生活会让火星之旅变得十分乏味，这里显然还有很多问题是需要解决的。比如第一批探险队员们需要不断地扩大探索的范围，又要躲开各种辐射伤害和沙尘暴的袭击，因此在火星上寻找一些随处可见的天然庇护所，是他们的首要任务。

一项研究表明，人类在火星上可能有一种现成的"住宅"，那就是火星上密布的熔岩洞。刚刚抵达火星的人，首先遇到的最大危险是辐射，而火星岩最擅长的恰好就是吸收辐射，火星洞穴理论上可以阻挡 80% 以上的太空辐射。

只不过，火星洞穴内的辐射量仍然比地球上的辐射量要大很多，于是出现了一个新思路：通过改造与布置，把火星洞穴打造成人类的第一个"村落"。

SpaceX 公司则表示，刚到达火星的人类在火星表面的下面生活会更好。SpaceX 的兄弟企业 Boring 公司也开始计划挖掘出火星的地下隧道，以解决一些具体的问题。

照这个情况，在人类有能力大规模建立火星基地或城市之前，很可能会先成为一名火星上的"穴居人"！

火星上要建城市群？

2021 年，全球建筑师事务所 ABIBOO 联合众多科学家和学者组成了一个国际团队，他们在一起工作了几个月后，设计出了一份《火星生活规划》。这份计划书从环境搭建、生产制造，到日常起居、娱乐锻炼甚至求学就业都做了详细的描述，为人类勾画出了一个具有高可行性的未来的火星城市。这是一个拥有 5 座城镇的城市群，首都被命名为"女娲"（Nüwa），灵感来自中国神话中的人类之母。"女娲"将被打造在火星上一个名为"Tempe Mensa"的悬崖边，所以也被称为一座垂直城市。一个个小型的建筑将被错落有致地安置在平坦的崖壁内，从远处看，就像闪亮的一片片的未来生物的洞穴。

为什么会这样设计呢？因为把房子建在火星的崖壁上，可以保护居民免受辐射和陨石的侵扰，还能轻松地晒到太阳。令人感到神奇的是，这些城市里有住宅、商业楼、绿地、医院、学校、购物中心、休闲文化和体育运动场所，各建筑之间会以隧道相连，有巨大的高速电梯来解决竖向通行问题，水平方向则有轻型火车和公共汽车系统，所有的建筑都是模块化的，会分为住宅区和工作区。

每个建筑的入口会装上"空气淋浴"，进来的人需要清洁和消毒，以保护自己的健康，这种装置有点像地球上商场门口的风幕机。在附近的山谷里，会设立一片火星上的畜牧区，这里可以养猪、鸡、鱼等动物，但它们只能占人类饮食的 10%，毕竟这里养殖动物的效率极低，动物更大的作用是改善人类的心理健康状态。有 90% 的食物来自植物，其中农作物占 50%，藻类也会成为火星饮食的重要组成部分。悬崖的最高点是一个广阔的平原，阳光充足，因此这里会用来种植农作物和建造太阳能发电厂，以及建设各种食品生产、设施制造的工厂。

一开始，这座城市要依靠地球的资源供应，但很快就能完全利用火星资源实现自给自足并可持续的发展。到火星的人当然不能闲着，要想享受这里的公共设施、生活服务、日常食物，就得先签一份工作合同，平时必须完成分配下来的城市发展所需的各项任务。特别有意思的事情发生了，当马斯克看到 ABIBOO 发布这个计划后，立即在社交媒体改了口，声称 SpaceX 不会等到 2054 年，而是在 2030 年前就会发射星舰飞船送人去建设火星小镇，也就是阿尔法火星基地 (Mars Base Alpha)。

马斯克的火星小屋什么样？

世界新任首富马斯克竟然是租房子住的？ 2021 年，马斯克成为世界首富。让人大跌眼镜的是，这位超级富豪一直在出售自己的多座豪宅，就在 2021 年 6 月，马斯克在社交媒体宣称自己的最后一套豪宅也卖掉了。

于是很多人想知道，这么富裕的马斯克现在住在哪里？大多数人都没想到，这位新晋的世界首富如今仅仅是租了一个大约 37 平方米的房子，房租不太清楚，但整个房屋的售价大约是 32 万元人民币。在这个房子里，除了睡觉的床，客厅、厨房、洗手间、淋浴房一应俱全，甚至电视、冰箱、洗衣机、烘干机、空调等电器也通通都有，还配有整套的 LED 照明系统。

这种模块化的房屋来自一家名叫 Boxabl 的公司，90 分钟内就能生产出一栋住宅，由于是可折叠的预制住宅，因此能自由地搬运和搭建使用。采用的是最新的环保材料，大火灼烧3个小时也能完好无损，还可以扛住8级地震和12级大风，并且防虫、防霉、防潮，寿命高达100年。如果你嫌面积太小，可以一次买2个以上的房屋拼成一座更大的房子，隔音保温的效果也特别好，非常适合做火星小屋，马斯克又怎么会不喜欢呢？

怎么从火星回来？

去了火星的人，还能回来吗？根据一些科学家的预测，登陆火星的成功率预计可以达到80%以上，而回到地球的可能性却不到5%。为什么差距会这么大呢？因为要想让人类从火星活着回到地球，还有很多难题没有解决，不是搞定能源、氧气、水和食物等几个要素就可以了。总体来说，重返地球是个浩大的火星系统工程，虽然有一些问题已经有了基本的解决方案，但大多数的物质是根本不能指望从地球上运过去的。

利用火星资源制造燃料是首要重点，从火星返回的燃料也必须就地解决。通过计算发现，如果有4名宇航员要离开火星，大约需要7吨火箭燃料和25吨左右的氧气，"MOXIE"装置已经实现了制氧功能，首次任务产生的氧气的纯度已经达到了99.6%，效果非常不错。这样看，这种技术完全可以为返程的火箭提供助燃剂和氧化剂，而火星表面下隐藏着大量水资源，说明制造燃料的材料是够的。科学家们制造了一种名为"钌酸铅烧绿石电催化剂"的物质，它不但可以电解海水，还能作为催化剂来电解"高氯酸盐"盐水，这种"高氯酸盐"盐水就是火星上富含的被人称为"卤水"的地下水。有了这个技术，"卤水"就能在火星表面的极低温度下被分解成超纯净的氢气和氧气了。

当然，食物仍然会是个大问题，在火星上和返回的飞船内部搞种植是必须要做的，还有就是利用最新的科技为宇航员提供一些蛋白类的营养食品，更多的物质则取决于人类对火星环境的改造速度。最后，从火星返回地球的航天器的速度将达到约 50000 千米 / 时，也就是约 14 千米 / 秒的速度，这已经超过了第二宇宙速度。并且在进入大气层时，宇航员还要经受住重力过载的影响，还会因飞船过热而受到生命威胁。

当然，做到这一切的前提，是需要充足的燃料。

寄信去火星需要多少钱？

在你的心中，一个 5 岁小孩的认知可以到多高呢？说出来你可能不信——可以高到火星上！2015 年，英国皇家邮政收到过这么一封信，信的内容是询问邮寄一封信去火星需要多少邮费。问题提得相当"脑洞大开"，但工作人员并没有认为这是个恶作剧，居然打电话给 NASA 去确认，在了解完所有的专业细节后，测算出发出这封信大概需要约 11 万人民币的费用，这其中包括皇家邮政把信件寄到 NASA 的发射基地的费用 2.25 英镑，总共是 11602 英镑 25 便士。

皇家邮政还特别提醒这位写信的客户，如果是贴快件邮票，一共需要 18416 张，如果是贴慢件邮票，则需要 21466 张。写信咨询的人是一位名叫奥利弗·吉丁斯的英国小男孩，当时只有 5 岁的他在收到回信后表现得十分兴奋，非常开心地回复了皇家邮政并表示了感谢，这是个多么有爱的故事啊！

其实，1988 年，苏联就开办了全球第一个太空邮局——和平轨道站。2003 年，俄罗斯还销售了一枚 2 万多美元的太空邮票。2011 年，中国邮政也成立了太空邮局，邮政编码是 901001。

CHAPTER 03
新天文之故事精选

很多时候，人类对于宇宙的探索，
是从臆想和计算开始的。
但有了望远镜这样的工具后，
我们对月球甚至太阳系的其他星球有了更多的新认识。
随着科技的进步，我们的视野越来越宽，也越来越远，
于是，更多有趣的天文故事开始进入我们的世界。

太阳系里居然藏着高速公路？

••••🪐•••

一直以来，天文学家都认为太阳系内有一条能穿越星系的"天体高速公路"，如果能在这条高速公路上进行深空的探测，不仅速度要快得多，燃料也会用得少。

这似乎跟我们平时所理解的，利用行星或卫星等星球引力产生的"弹弓效应"不同，因为这次的"弹弓"并不会把飞行器送到卫星的轨道上。比如我们把探测器送去木星、土星和海王星，一般都需要利用引力助推，而"天体高速公路"则是在太阳系内的行星之间形成一条条由蜿蜒前进的"管道"组成的"引力走廊"网，在这些管道内飞行，就像船只借助大海里的洋流航行一样，几乎不需要消耗燃料，只需一点点改变方向的动力，就能够帮助航天器在太阳系内进行曲线式的穿梭。由于这样的"引力洋流"产生的力量非常惊人，所以在管道内的航天器的飞行速度理论上肯定是大大超过宇宙飞船的，能大幅缩短访问太阳系外围的时间，也极大地提升了星际旅行的效率。

当然，太阳系外的星系应该也存在类似的"高速通道"，这似乎也能用来解释 2017 年的那个震惊世界的不速之客"奥陌陌"了。它突然闯入太阳系，又带着匪夷所思的加速度逃离，这种违反自然小天体运动规律的

"全身而退"让人感到非常不解，以至于到现在还有一大批学者认为这只"雪茄"实际上是一艘有动力、有伪装的"外星人飞船"。

太阳的诞生有什么秘密？

太阳是太阳系唯一的一颗恒星，虽然它只是银河系里 1000 多亿颗恒星中的一员，但整个太阳系的各种星体都在追随着它，那么它又是怎么出现的呢？宇宙中像"创生之柱"这样的地方就是恒星诞生的摇篮，大爆炸之后宇宙是非常寂寥的，太阳出生之前就是一团又一团飘在宇宙中的尘埃，尘埃里有氢元素，所以氢们开始在万有引力的作用下互相"抱团"。这个动作会导致原子加速，同时会提高一团团氢的温度，引力势能转化成动能，最后互相摩擦又转化成热能。

刚开始，一切都还挺好的，抱团的氢只是形成了一个个小球，抱团后温度提高了不少，密度也开始变高了，但表面还是一副热热闹闹、一片和谐的样子。到了后面就不行了，"慕名而来"的氢越来越多，小球也越变越大，外围的氢想要冲到中心去，中心的氢堵在里面不容易出来，于是中心的温度和密度也就不断升高。你也可以想象一下，越来越热还越来越挤，这谁能受得了啊！

中心的氢以一种"奇怪的方式"将自己的一部分质量转化成能量，能量就会有往外面冲的趋势。这里所说的"奇怪的方式"其实就是指氢核聚变，这个过程中每秒钟都会产生超级巨大的能量，会将 426 万吨的质量转化成纯能量，相当于每秒钟产生近万亿吨 TNT 炸药爆炸释放的能量。

最后，想往外面冲的能量和想往里面挤的氢原子在一瞬间实现了相互平衡，外部的物质不再继续挤进来，中心的温度和密度就趋于平衡了，光携带着能量缓慢地从物质的缝隙中"突围"到表面，太阳就是这样诞生的。你可以联想一下地球上的超级大城市的形成过程，跟这个过程也挺相似的，刚开始的时候，城里的人都想着出城，城外的人抢着进城，挤来挤去，挤到最后大家都挤不动了，人口也就相对平衡了。比如北京、上海、东京这样的超级城市的形成过程。

神秘的太阳风是怎么被发现的？

太阳风是太阳释放出来的带电粒子流，主要由质子和电子等组成，也叫恒星风，它充斥在整个太阳系，无时无刻不在肆意"穿透"人类的身体，但我们却完全感觉不到它的存在。太阳风通过日冕释放到行星际空间，密度虽然很低，但风速却快得难以想象，比 12 级台风还要快上万倍，可以达到 800 千米 / 秒的速度。

目前，最新的一颗太阳探测器名叫"帕克号"，发射于 2018 年 8 月，当时是 NASA 首次用在世科学家的姓名来命名的一颗探测器。下面就带大家了解一下这个名叫"帕克"的人的来历。

1958 年，31 岁的美国学者尤金·帕克提出了"太阳风"的概念，他认为太阳会向周围发射出源源不断的粒子，如同水流一样。他的这个说法一度被认为是极度荒谬的，因为大家都相信太空是真空状态的，不可能存在什么"源源不断的粒子"，甚至连杂志社都认为帕克是个疯子，拒绝刊登他的"太阳风"论文。于是帕克本人跑到了杂志社去抗议，经过努力抗争，他的论文最终还是发布了。果不其然引发了业内的疯狂嘲笑，但之后的科学事实却狠狠地打了众多所谓"业内人士"的脸。1962 年，NASA发射了"水手 2 号"探测器，在飞往金星时，测量到太空中有能量粒子在流动，证实了太阳风真的存在。2012 年 3 月，人类还遭受了一次强烈的太阳风暴，让当时的无线电通信受到了很大的影响，进一步让地球人感受到了太阳风的威力，这就是太阳风与"帕克号"的故事。

图 3.1 "帕克号"太阳探测器正在测试　来源：NASA/KSC

太阳的暴脾气有多严重？

在过去的 60 年里，全球共发射了 70 多颗探测太阳的卫星。而我国第一颗综合性的，全称为"先进天基太阳天文台"（ASO-S）的太阳探测卫星，将于 2022 年发射升空，目标直指"一磁两暴"，"一磁"指的是太阳磁场，"两暴"指太阳耀斑和日冕物质抛射现象。

那为什么要研究这个呢？要知道，太阳的表面温度高达 6000 多度，这么多年来，人类只能远远地试着理解这个 1.5 亿千米外脾气古怪的太阳系里的"暴躁老大"。

而且太阳的磁场强大而复杂，人类至今也没弄清楚它的规律。在太阳活动中表现最激烈的耀斑，一次爆发就相当于上百亿颗巨型氢弹同时爆炸或是百万个强火山同时大爆发。

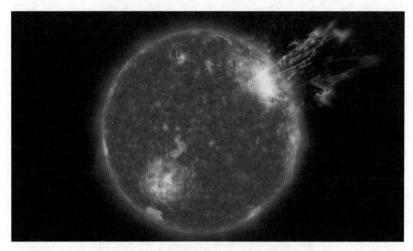

图 3.2　太阳耀斑　来源：NASA

最可怕的还是日冕物质抛射，它不仅能制造地球上美丽的极光，还能损坏卫星、破坏无线电和电力设施。如果不抓紧探测太阳、研究太阳，怎么能学会预防这些危险呢？别看太阳好像只是打了个"喷嚏"，却会引发灾害性的空间天气事件。在人类历史的记载中，对地球造成影响最大的太阳耀斑事件是发生在 1859 年的"卡灵顿"事件，那次事件让电报系统都着了火，整个地球甚至赤道地区都出现了极光现象。

这次事件如果发生在今天，将会重创各种现代化系统，大量的设施设备将会瘫痪或损坏，至少造成数万亿美元的损失，而恢复可能需要很长的时间。此外，太阳耀斑也会对地球轨道上的卫星和空间站的宇航员造成巨大威胁，不过由于地球磁场的保护，地球上的生命并不会受到太阳耀斑的严重威胁，但会严重影响供水、供电、能源（输油管道）、交通、通信等基础设施。太阳"发脾气"时的表现可不仅仅是出现耀斑，还有太阳黑子、光斑、谱斑、日珥和日冕瞬变等现象和事件，这些大多是由太阳大气中的电磁过程引起的，时烈时弱，平均以 11 年为一个周期。处于活动剧烈期的太阳（称为"扰动太阳"）会辐射出大量紫外线、X 射线、粒子流和强射电波，它们往往会导致地球上出现极光、磁暴和电离层扰动等现象。

新冠肺炎疫情暴发可能跟太阳黑子有关？
····🪐····

太阳黑子是太阳活动的主要标志之一，是光球表面磁场聚集的地方，由于温度比周围区域低了约 2000℃，所以看上去像是黑的。

科学家们发现，太阳黑子的活动呈现出了 11 年一个周期的变化，太阳黑子的多与少，对地球影响重大。天文学家发现，太阳黑子多的时候，气候干燥，农业丰收，黑子少的时候，暴雨成灾；地震学家统计出，太阳黑子数目增多的时候，地球上的地震也随之增多；植物学家则指出，植物生长随着太阳黑子的出现有周期性的变化，黑子多的时候长得快，黑子少的时候长得慢。

同样地，在太阳黑子活动的高峰期，地球上的微生物会更大量地繁殖，也可能因此出现更多的流行性疾病，或者出现病毒变异等现象。

而 2020 年前后的地球正处于太阳第 25 周期极大期即将开始的阶段，于是有科学家认为，新冠肺炎疫情的暴发，极有可能与太阳黑子的活跃周期有着一定的关联。比如，2002 年至 2003 年的"非典"疫情流行期间，正是上一个太阳活跃周期的中期阶段。当然，不能排除太阳黑子跟疫病的大流行有一定关联，但把新冠或非典的暴发完全归咎于太阳黑子的活跃周期，还是缺乏证据的。

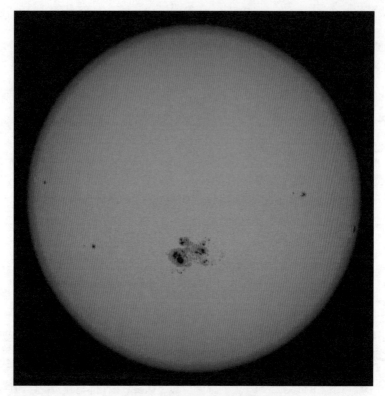

图 3.3　太阳黑子　来源：NASA

不过针对太阳活动的研究，可以给我们带来不少启发。根据太阳黑子的活动规律来看，未来的 10 年，我们仍然要小心当前的病毒出现更多变异或持续变种，甚至产生全新的病毒。

云南象群出走是因为太阳？

• • • ✦ 🪐 ✦ • • •

2021 年上半年，一群来自云南的大象突然间成了"网红"，它们从"老家"西双版纳出发，移动了超过 500 千米，一路向北跨了半个云南省，甚至一度进入昆明市区。政府有关部门的工作人员一路跟随，小心翼翼地暗中保护，防止人象冲突，采用了无人机跟踪、投食诱导、渣土车封路等多重手段，却丝毫未能阻挡象群北上的决心。有人说，象群是因为家园遭到破坏导致集体出逃；也有人说，这是首领迷了路，带偏了队伍。

一名来自中科院的学者谢灿却提出了截然不同的观点，他认为这次大象突然北上，或许跟太阳的活动有关。因为某一次太阳引发的磁暴现象，偶然激活了野生大象基因中的迁徙本能，太阳风暴产生的高速带电粒子流，会在地球的两极产生美丽的极光现象。有趣的是，2020 年 2 月 18—19 日，曾发生过一次中等程度的太阳磁暴现象，当时也确实出现了极光。果然，在 2020 年 3 月，该象群就开始沿太阳河省级自然保护区迁徙北上，在成为全网关注的焦点之前，这个象群其实已经出走一年多了。到了 2021 年 8 月 8 日，这个出发时为 16 头大象的"团队"，途中生下两头小象，离群了 3 头公象和一头老象，最终有 14 头大象一同跨越了元江，平安回归了栖息地。

太阳有个孪生兄弟？

每个人都有自己不为人知的一面，有些事被称为"隐私"，连太阳也不例外。2020 年，哈佛大学的天体物理学团队发表了一个新理论，他们认为：太阳或许曾经有一个"孪生兄弟"。太阳系诞生在一个初始星团中，太阳一开始是这片星云的"独生子"，但它并不是唯一的存在，有另一颗质量差不多的原始恒星通过大约 40 万年的聚集收缩形成后，一直都在陪伴着太阳，只是太阳的这个"兄弟"后来突然不见了。

这个新的理论可以解释一直以来的一个推测：为什么会在太阳系边缘观测到一个梦幻的奥尔特云，同时也可以推断出太阳系的边缘或许存在着一颗捕获自太阳系外的第九行星。

其实双星系统在宇宙中挺常见的，比如夜空中最亮的那颗恒星——天狼星就是双星。可另外一颗"太阳"去哪儿了呢？据推测，"太阳的兄弟"或许受到了其他路过的某颗恒星的引力影响，所以长时间地离开了太阳，只不过在离开之前，它帮助太阳捕获了包括奥尔特云和第九行星在内的一些太阳系的"外环线"附近的天体。

那太阳的这个兄弟还会再回来吗？机会不大，大概率它已经摆脱了太阳的引力，也许只能靠时间验证了。

谁在太阳身上戳了个洞？

从 1000 米以外看见足球场上的一根针，你能做到吗？我反正是不能！但有一个来自西班牙的团队做到了，他们在 2020 年的新冠肺炎疫情期间可能是闲得无聊，便升级改造了一台太阳望远镜，拍摄到了高清的太阳表面照片。当我们突然在太阳的身上看到一个黑色的大洞时，着实感觉到毛骨悚然。要知道，太阳的表面是爆米花般的等离子体，这张照片就相当于一台等离子电视的屏幕上被砸出了一个洞来。

其实这个"黑色的洞"是太阳表面一个火星大小的黑子，由于望远镜升级后的效果太好了，表面的特写图像展示了太阳复杂的表面，也让我们清清楚楚地看到了太阳黑子的真实模样。位于西班牙泰德天文台的欧洲 GREGOR 太阳望远镜团队也正式对外宣布，他们通过硬件和软件的结合，用了一年的时间，重新设计了望远镜的光学、机械学和电子学。在这个过程中，利用光学模型创建复杂的离轴抛物线镜，把它们打磨到 6 纳米的精度，相当于一根头发直径的万分之一，最终获得了这张有史以来最高分辨率的太阳图像。

120

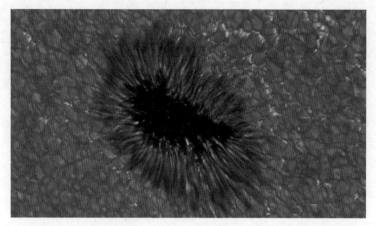

图 3.4 欧洲 GREGOR 太阳望远镜捕捉的太阳黑子　来源：ESA

像钢铁侠一样装个太阳？

2020 年 7 月 28 日，历经 14 年的筹备，传说中的全球最大的"人造太阳"终于在法国启动建设了。简单来说，就是在地球上造一个模拟太阳发光发热并释放能量的装置，一劳永逸地解决人类的能源问题。

由于核聚变发生的条件实在太苛刻了，上亿摄氏度的高温甚至只是最基本的环境，因此制造一个特殊的容器成了重点。这个名叫国际热核聚变实验堆（ITER）的计划总共有 35 个国家参与，中国负责提供磁体馈线、极向场线圈等重要部分。

由于之前被排除在最大的国际合作项目——国际空间站（ISS）的建设之外，因此"人造太阳"成为我国参与的最大的国际科技合作项目。

这颗"太阳"直径约 28 米，重量达到 23000 吨，预算超过 2000 亿元人民币，预计会在 2025 年落成试运行。其原理是利用氘和氚在高温下发生核聚变，生成清洁能源。1 升海水中含有 30 毫克的氘，相当于 340 升汽油燃烧所产生的能量，由此看来，地球上的海洋能源起码够用好几百亿年。

在《钢铁侠》系列电影中，超级英雄托尼·史塔克胸口的能量方舟反应堆，就是"人造太阳"发电站的微缩版，而《流浪地球》里的行星发动机也是一个大型的反应堆。不难想象，这个项目一旦成功，人类探索外星球的能量之源很快就能搞定了。

"泰坦尼克号"的沉没跟太阳有关？
•••••🪐••••

1912 年 4 月 15 日，号称"永不沉没"的豪华邮轮"泰坦尼克号"因撞上冰山沉没，事故造成 1500 多人葬身大海。事后，各种声音传来：造船材料缺乏韧性说、撞击角度说、船速过快说等，还有各种阴谋论，可以说是众说纷纭。

"泰坦尼克号"的灾难真的仅仅是因为撞上了冰山吗？那么你肯定还有一些疑问，是什么让这艘巨轮撞上冰山的？为什么那么有经验的团队，居然会让这种事情发生且无可挽回呢？

根据 2021 年《天气》杂志的一篇文章透露，太阳活动很可能是导致"泰坦尼克号"沉没的原因之一。根据幸存者和救援船船长的回忆：出事前，天空出现过北极光，这个线索暴露了真正的"凶手"极有可能是太阳风暴。太阳爆发的时候会发出高速的太阳风，能达到 800 千米 / 秒，到达地球后，会带来大量的高能等离子体，它们会随着地球的磁场到达地球的南极和北极，形成极光现象。

太阳风暴不止能制造地球上美丽的极光，还能损坏卫星、破坏无线电和电力设施。数据显示，"泰坦尼克号"沉没时北半球正在遭遇一场太阳风暴的攻击，所以有目击者看到了极光，这侧面反映了地球的磁场也同时受到了干扰，甚至影响到船只上的指南针出现了偏移，这或许能解释为什么"泰坦尼克号"会偏航撞上冰山了。

图 3.5　极光　来源：Noel Bauza

　　有证据表明，在救援过程中，"泰坦尼克号"的求救信号中报告的位置出现了 13 海里的偏差，这也间接导致了救援的延迟，造成了更多的人员伤亡。同时，太阳风暴还导致了通信不畅，在历史记录中，事发地点附近的船只的无线电信号被严重干扰，或者说当时根本就没有收到任何信号，从而无法提供有效的救援。目前已有足够多的证据表明，"泰坦尼克号"的沉没悲剧，太阳是要负责的！

地球最大的太阳伞有多大？

••••👾••••

虽然太阳很危险，但它也给地球带来了很多好东西。比如说阳光是非常好的杀菌消毒的"利器"，人偶尔晒晒太阳，对身体颇有好处，只不过，过度的光照会造成一定的伤害。

下面来一起见识一下世界上最大的太阳伞吧！在沙特阿拉伯的麦地那，一座座巨型的太阳伞被安装在清真寺广场上，每年有数以百万计的朝圣者聚集在这里，人多拥挤，温度又高，太阳尤其"毒辣"。于是当地政府请来了德国设计师 SL Rasch 与 Sefar 建筑公司，他们共同打造了250 把巨型的太阳伞，它们高达 20 米，最大限度地还原了特色的灯柱原貌，内部结构异常复杂，整个开合过程持续 3 分钟，像极了花朵的盛开。

有一款最大号的伞叫作"U53"，只有 8 把，高约 40 米，重 16 吨，展开后长宽都是 53 米，遮阳面积相当于半个足球场。在伞下，温度可以下降 8℃左右，因此这里也被称为世界上最大的遮阳工程。

"水逆"到底是什么？

••••👾••••

如果你喜欢研究十二星座，也就是太阳星座学，应该就听过"水逆"这个词。全球的星座迷们都知道一个热门的说法，就是处在"水星逆行"阶段时要特别小心，因为在那些日子里，你可能会碰到各种不顺，工作也好、学习也罢，生活中各种"负能量"事件常常让人无语。

但你有没有想过，水星为什么会逆行呢？下面我们一起来研究一下，水星是怎么修炼成一颗星座学里的"扫把星"的。

"水星逆行"只是一个普通的天文现象，它其实不是水星真的出现调头或者倒退现象。换句话说，水星的逆行和顺行，不过是在做圆周运动时被投影之后所产生的视觉效应，而其中的视觉误差让水星看上去就像是在逆行一样。

事实上，金木水火土五大行星都会"逆行"，只不过水星逆行一年会出现 3~4 次，周期短，出现相对频繁，离地球也比较近，经常被观测到，自然容易跟不好的事情联想到一起，于是就成了各种坏事的"背锅侠"。

金星发现了外星生命？

2020 年 9 月，美国麻省理工学院、英国曼彻斯特大学和英国卡迪夫大学的一组科学家借助位于夏威夷的麦克斯韦望远镜（JCMT）和位于智利北方沙漠的 ALMA 望远镜，在金星大气层中两度发现了被称为"生物标记"的磷化氢（PH_3），这下可就不能排除金星存在生命迹象的可能性了。可想想金星严酷的环境，如果真的存在生命，那简直就是一个超级奇迹啊！

毕竟金星距离太阳太近了，表面温度为 465~485℃，火山密布，地表没有水，空气中也找不到水分的存在，大气主要由二氧化碳组成，温室效应相当严重，虽然有云层但主要成分居然是硫酸，还时不时地下着硫酸雨。

简言之，对于人类来说，这样的金星就是一个地狱！那金星上的磷化氢到底是怎么来的呢？磷化氢是一种化学活性非常强的无机物小分子，在地球富含氧气的大气环境中，很快就会被氧化，所以生成磷化氢其实很难，而且消失又太快，根本难以察觉。

让科学家百思不得其解的是，找不到磷化氢产生的场景，只能给出不确定的解释：要么是存在某种我们未知的光化学反应或未发现的地球化学反应，要么是金星上真的存在某种生命。NASA 前局长吉姆·布里登斯汀也曾证实，10 年前就已经在距地球上层大气 36000 多米的地方发现了微生物的生命迹象，显然不能排除金星也存在类似的情况。

如今，全球又产生了多个有关金星的探测计划，如俄罗斯的 Venera-D 任务，其中包括轨道器和着陆器，计划在 2026 年飞向金星；还有欧洲航天局的远景号（EnVision）金星探测器，计划 2032 年发射；同时，NASA 也正在考虑金星的探测细节，计划以穿越金星大气层的方式获取第一手的数据。

无论如何，希望他们能带回金星的好消息，毕竟金星离地球更近一点。

流浪地球真的可以实现吗？

在电影《流浪地球》中，人类为了拯救地球，打算用 1 万个发动机推动地球飞向木星，借助木星强大的引力产生的"弹弓效应"来实现地球逃离太阳系的目的。这当然是一个伟大的计划，一共需要 2500 年，而地球就算离开了太阳系，还需要流浪 1500 年才能到达新的家园。那么，使用什么样的能源就至关重要了。影片中所采用的巨型离子电推发动机，每台可以达到 150 亿吨的推力，这个在理论上是可以实现的。

其实，离子电推技术目前已经在航天中有很多应用了。全球最早的离子推进实验是在 1965 年，之后，从 1997 年开始，这个技术在商业卫星上被正式应用；而 1999 年，它被首次用作航天器的主推进系统。

2019 年 1 月 21 日，天仪研究院自主研制的潇湘一号 03 星发射成功，星上搭载的"离子液体微电推进器"正是由中国航天科工二院 206 所应用物理技术中心研制的，这个推进器多次成功完成了在轨点火试验。它的成功，让中国继美国之后，成为世界上第二个在立方星平台上成功开展离子液体微电推进空间验证试验的国家。

图 3.6 航天器电推进 来源：NASA

说回"流浪地球"，1 万台发动机，究竟能不能将地球推出太阳系呢？这是个并不复杂的数学题，太阳对地球的引力大约是 3.57×10^{22} 牛顿，摆脱这个引力需要 2.65×10^{33} 焦耳的能量。

据南京大学周礼勇教授分析，如果把现阶段全球所有的发电量都用来推动地球，是真的能够推动的，但需要的时间大约是 29 万亿年，而宇宙大爆炸距今还不到 138 亿年。

写到这里，大家都明白了吧，"流浪地球"只是一个美好的幻想而已。

比邻星适合人类居住吗？

太阳散发着生命赖以生存的光和热，如果没有了太阳，地球要前往何处呢？刘慈欣在《流浪地球》中写道，当太阳生命走到尽头，人类唯一的生路是向外太空星际移民——就是将整个地球"甩出"太阳系，向着半人马座的比邻星进发。

可这个比邻星会是个好归宿吗？《流浪地球》之所以选择比邻星作为目的地，距离应该是最主要的因素，比邻星是离太阳系最近的一颗恒星，二者相距大约 40 亿千米。比邻星的质量仅为太阳的七分之一，属于红矮星，其辐射出的能量比太阳弱很多，所以地球要进入宜居带，则必须更靠近比邻星。但地球这一靠近，会导致接受的能量爆发比在太阳系里还要剧烈得多，对于"流浪"的地球来说，比邻星显然不是个更好的太阳，那还有没有更好的选择呢？

事实上，天文学家们已经在比邻星的周围探测到了一颗位于宜居带内的行星——比邻星 b，这颗行星的质量约为地球的 1.3 倍，距离比邻星约 700 万千米。只是，由于比邻星的爆发特别频繁，导致那里的空间环境十分恶劣。探测还显示，比邻星 b 有一面永远正对着比邻星，另一面则永远背对着，就像月球与地球那样。

在 2017 年 3 月发生的一次比邻星的耀斑爆发，居然比最强烈的太阳耀斑还要强上 10 倍，让比邻星 b 遭受到的辐射比地球平时经受太阳的辐射还要高出 4000 倍，这对生命而言是极为不利的。由于多次被这么强烈的耀斑袭击，比邻星 b 表面即使曾有过液态水和大气，也应该早已被摧毁殆尽了，也就更不可能有适合生命存在的环境了。

如果地球附近有个黑洞

黑洞其实不是一个洞，而是一个纯黑色的球体，只不过长着一张贪婪的什么都能吃进去的"嘴"。2021 年，人类居然抓拍到了迄今为止天文学家所能看到的距离地球最近的一颗恒星的死亡过程。这是一颗距离地球 2.15 亿光年的将死的恒星，它被一个超级黑洞最终撕裂成了"意大利细面条"。

据欧洲南方天文台描述，过去很难看到这样的事件，因为黑洞吞噬恒星时，垂死的恒星往往会喷射物质，比如尘埃，从而使视野变得模糊。幸运的是，这个吞星事件被成功地捕捉到了！黑洞确实具有令人难以置信的强大引力，即便是光也无法逃离黑洞，如果太靠近黑洞，物体会被拉成面条状，还会被压缩成一个无限小，比一粒灰尘还要微观得多的点……这样的场景，你就自己去想象吧！

单个黑洞对太阳系的破坏程度，取决于这个黑洞到底有多大，还有就是它在太阳系中所处的位置。如果是一个超大质量的黑洞，又打算前往银河系的中心，那地球就很危险了，它沿路捕获到的所有碎片都可能导致太阳系被"轰炸"。那如果换成一个恒星级黑洞呢？首先，这个黑洞会引起引力的混乱，之后，它会将更多的彗星和小行星吸引到太阳系的内部，与行星、卫星发生碰撞，地球也无法逃过此劫。但这一切还只是个开始，当黑洞穿过太阳系时，它会破坏其中所有行星的轨道，这又将是一片混乱。

而太阳系中最大的行星——木星也会受到严重的影响，比如黑洞会把木星上所有的气体吸掉，将其变成一个旋转的"热盘子"，直到把木星的能量耗尽。只要这个黑洞在现在的冥王星所在的位置，它就能影响到地球了。黑洞会把我们一步步地拖出宜居带，在黑洞距离地球越来越近的过程中，会出现地壳开裂、极端地震、火山爆发和海洋潮汐等现象，带来毁灭性的后果。

所以如果黑洞通过地球轨道，地球上就真的什么都没有了，只会剩下铺满了岩浆的外壳。幸运的是，在宇宙中，离我们近的黑洞并不多，能进入太阳系并靠近地球的黑洞就更少了。

到底有没有外星人？

· · · · 🪐 · · · ·

20 世纪 60 年代，天文学家法兰克·德雷克提出过一个方程式，用来计算银河系内的外星文明数量，因为 7 个关键变量无法确定，所以计算结果从 0 到 10 亿都有。

英国诺丁汉大学的一个团队，在 2020 年研究出一种新的计算方法：假设银河系其他行星上形成智慧生命需要 50 亿年，那么银河系内应该至少有 36 个外星文明，最接近地球的大约相距 17000 光年。按照这个方法，人类文明至少还需要再等 6120 年，才可能与其他文明进行双向通信，假如地球人在 7000 年内还搜索不到其他的星球文明，就有两种可能性：一种可能是，文明的寿命短于 2000 年，这也意味着地球的文明可能已接近尾声，毁灭在即；另一个可能是，地球的生命真的是独一无二的。

有一个"大过滤器"理论曾解释道，为什么我们找不到外星人，是因为没有迈过一个名叫"大过滤器"的坎。当文明发展到某个技术成熟的阶段时，最终必然会毁灭自己，也许是无法控制的病毒，也许是威力逆天的超级武器，导致人类的毁灭。

那地球文明离"大过滤器"这个坎到底还有多远呢？

一颗彗星带 10 亿瓶酒来地球？

· · · · 🪐 · · · ·

你可能没想到，彗星虽然看上去拖着一条美丽的长尾巴，但其实它只是个由冰混合着岩石泥土的"脏雪球"，在"扫把星"的扫把上，居然真的都是些脏东西。来看看彗星的结构就明白了，彗星分为彗核、彗发和彗尾 3 个部分，每当它靠近太阳时，身体就会受太阳风和太阳辐射的影响，形成长长的尾巴。

最有名的彗星叫作"哈雷彗星"，每隔 76 年左右就会造访一次地球，它是唯一一颗能用裸眼直接从地球看见的短周期彗星，只有很少的一部分地球人有机会在一辈子看到它两次。

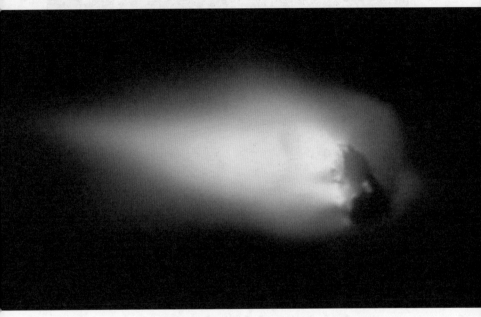

图 3.7 哈雷彗星 来源：NASA

虽然也有其他一些能以裸眼看见的彗星，但它们是数千年才会出现一次的彗星。比如一颗叫作"洛夫乔伊"（C/2011 W3）的彗星，它看上去是如此的特别，属于"千年等一回"的用肉眼就能观察到的一颗彗星，但它的内部构造更加神奇，因为它喷射出来的物质居然是乙醇，也就是我们熟知的酒精。

这颗彗星活跃的时候简直就是一个酿酒厂，每秒钟能喷出 20 吨左右含乙醇的液体，相当于 500 桶葡萄酒。更神奇的是，除了酒精，"洛夫乔伊"彗星居然还在释放糖分，听起来味道应该不会太差。

图 3.8 "洛夫乔伊"（C/2011 W3）彗星 来源：WIKI

在彗星上发现乙醇似乎十分罕见，但彗星上除了水还有一些别的物质，好像也不稀奇。比如，哈雷彗星除了 70% 的水，还有 15% 左右是氨、氮、甲烷、一氧化碳和二氧化碳等物质的混合物。

所以，在彗星上有大量的有机物质存在并不是多新鲜的事情，但对广袤的宇宙而言，有机物质的出现就意味着某些生命的起源，那些游荡在太空中的彗星们，极有可能也是一些星球生命的播种者。

最后再提醒你一下，"酒神"彗星"洛夫乔伊"在 2015 年接近太阳系之后，再一次出现就要等到 2633 年了，600 多年后，人类再跟它大醉一场吧！

每年有多少流星造访地球？

••••🪐••••

划过天际的流星到底都是些什么呢？很多人或许知道答案，流星主要是星际尘埃落入大气层时产生的，很多流星雨就是来自彗星的身体，那个长尾巴的扫把星扫下来的"垃圾"。比如被称为北半球三大流星雨之一的英仙座流星雨，会在每年的"七夕节"附近抵达地球，被人称为"最浪漫的流星雨"。它源于一个名叫斯威夫特·塔特尔的彗星，时间跨度非常长，前后一个月都能观测到，中间时不时会出现非常好看且壮观的火流星。英仙座流星雨也被称为流星雨中的"流量明星"，因为在高峰期的时候每小时可以看到超过 100 颗流星。

为了弄清楚地球每年要接收多少类似这样的流星带来的微陨石，法国的科学家们花了 20 年时间，通过收集在南极心脏地带的地面灰尘，在 2021 年算出了一个令人瞠目结舌的结果。因为南极足够干净，让科研团队可以通过样本估算出，每年大约一共有 5200 吨的外星物质落在地球上，其中 80% 产生于彗星，其余的主要是来自小行星。

至于那些大陨石和报废的人造卫星，直接忽略就好了，因为它们加起来的重量平均每年也不到 10 吨。

"美国天眼"是怎么瞎的？

••••🪐••••

2020 年 12 月 1 日，号称"美国天眼"的阿雷西博望远镜突然发生坍塌。在本次事故中，望远镜的 3 座支撑塔顶部全部断裂，900 吨的科学仪器平台及剩下的钢缆全都砸向了下方 305 米直径的反射面，可以说阿雷西博望远镜直接被意外地执行了"死刑"。

阿雷西博是美苏争霸时期的产物，发生这个事故时已满 57 岁，它在中国贵州的 500 米口径的天眼 FAST 出现前，一直是全球最大的单孔径望远镜。

冷战结束后，美国对太空探索的投资骤减。2006 年起，NASA 停止资助这个超级雷达，而美国国家科学基金会也不断缩减经费，加上后来几年加勒比海地区飓风激增，眼看就要退休的阿雷西博没有扛到 2020 年的最后一个月。

事实上，2020 年 11 月 17 日，从阿雷西博望远镜所在地的高清卫星图上，已经能看到"美国天眼"破损的地方了。但根据科学家的预测，修复这个望远镜的代价太大，还不如原地重建，所以没有人对其出现的破损有所行动。

事后，波多黎各当地政府是希望重建的，毕竟阿雷西博望远镜是当地的标志性旅游景点，无数名人曾在这里"打卡"，也有一些影视作品在这里拍摄或以这里为背景，关闭后当然会损失非常大的一笔收入。要想重建，最大的问题肯定是筹钱，但想找美国政府要钱太难了，因为波多黎各的居民虽然拥有美国公民身份，却不参加美国总统选举的普选。

"中国天眼"有多猛？

2021 年 3 月 31 日 0 时起，世界上最大、最灵敏的单口径望远镜，全称为"500 米口径球面射电望远镜"（FAST），也就是十年磨一剑的"中国天眼"正式向全世界发出邀请函，开始接受各国天文学家的观测申请，此举震惊了全世界。

它的反射面相当于 30 个足球场，灵敏度是已废弃的世界第二大望远镜阿雷西博望远镜的 2.5 倍以上，能够接收到 100 多亿光年外的电磁信号，大幅拓展了人类的视野，必然会对探索宇宙起源和演化起到巨大的作用。

这么浩大的工程奇迹为什么会选择距离贵阳市区 150 千米的黔南平塘县这么一个不起眼的地方呢？首先，这个大洼地是从全国 82 个重点考察对象中选出来的，这里的大山方圆几千米都没有人烟，地形地貌非常适合建设凹形球面的造型，能节约大量的工程量，提高效率，降低成本。

最关键的是这里的喀斯特地貌，地质坚固，地下结构透水性好，雨水渗透效率高，能有效地降低天眼的积水率和被腐蚀的风险。

当年，中国的"天眼之父"南仁东放弃了海外的高薪毅然回国，用 22 年的时间打造了这个超级大工程，从选址、论证、设计到建设几乎所有环节都亲力亲为地参与。在 2017 年 9 月 15 日这一天，当时的天眼工程已完工，正处于试运行阶段，可南仁东老先生却因病逝世。这位中国天眼的首席科学家、总工程师，虽然获得了"人民科学家"的称号，却没有等到 FAST 正式向全球开放的这一天，实乃一大憾事。

木星能变成第二个太阳吗？

木星是太阳系最大的行星，体积是地球的 1300 多倍，质量是其他 7 个行星质量总和的 2.5 倍。它的磁场强度是地球的 2 万倍，所以木星捕捉太阳风粒子的能力自然也强得多，产生的极光规模也是超乎寻常的壮观。

1979 年 3 月，"旅行者 1 号"探测器曾观测到了木星上一条 3 万千米长的极光。除了长极光，人们还发现木星内部同样进行着热核反应，不断地向外层辐射着能量，并且木星的亮度有不断增强的趋势。有人可能马上就会想到：恒星不也是这样形成的吗？那木星会不会变成"第二个太阳"呢？

其实，按照恒星的形成和演化的理论，哪怕成为一颗最小的恒星，也就是变成一颗红矮星，也至少需要 75 倍以上的木星的质量，显然差得太远了，木星的质量只有现在的太阳质量的千分之一而已。

不过，没有成为恒星的木星身上，有一个已有 300 多年历史的"大红斑"，它忽大忽小，像一个血盆大口，嘴张得最大的时候居然能够一次性"吞"下 4 颗地球。科学家发现，"大红斑"其实是木星上一个巨大的风暴中心，它呈逆时针方向旋转，会释放出某种神秘的能量，不断加热木星上层的大气层，它是木星大气狂暴的象征，被称为太阳系的奇迹之一，这个由有色气体形成的旋涡也被认为是一个"永久性飓风"。

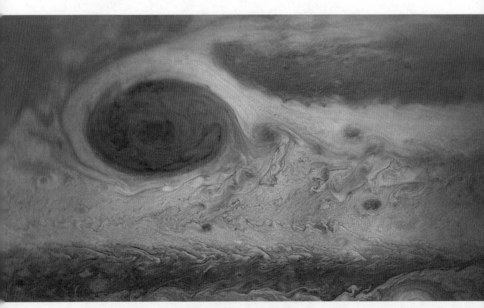

图 3.9　木星"大红斑"　来源：NASA

为什么土星比木星还恐怖？

····🪐····

土星是太阳系的第二大行星，最让人印象深刻的当然是它美丽的土星环了，它与木星十分像，表面都是厚厚的云层，下面覆盖着液态氢和氦的海洋，星球上狂风肆虐，风速甚至比木星还快，可达到 140 米 / 秒。土星赤道带的大气中每隔一段时间就会出现"大白斑"现象，形状跟木星的"大红斑"差不多，但是持续时间只有几个月，长度约 2.3 万千米，之后会不断扩大、拉长，最后蔓延至整个赤道带。

从 1876 年首次被发现，"大白斑"现象大约每 30 年就会出现一次。据记载，1903 年、1933 年、1960 年和 1990 年都比较准时地出现了，但奇怪的是，最近一次出现却不是在预期中的 2020 年左右，而是在 2010 年，整整提前了 10 年，这也让科学家们感到迷惑。

土星只需要 10 个多小时就能完成自转，大气活动十分剧烈，表面风速异常狂暴，气压数十倍于地球，直接可以将岩石星球磨成粉末。土星的北极顶点处还存在一个六边形的风暴旋涡，这里居然是土星温度最高的地方，在 −120℃ 左右，可见这完全是个冷冰冰的星球。

图 3.10　土星环　来源：NASA

2013年4月，"卡西尼号"土星探测器传回了一张六角风暴的高清照片，天文学家们发现，这个风暴的宽度在2.5万千米以上，能够并排放下4个地球，比木星上的"大红斑"还要让人震撼。它有着极其复杂的构造，是一个至少由7层云雾组成的多级结构，像是一座高耸的风暴建筑物，垂直横跨了几百千米，像是一个天然的"土星监狱"。

　　外表美丽，内心狂暴，充满神秘感，这就是让人惊叹的土星。

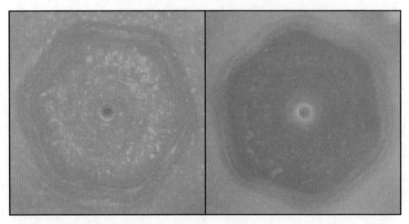

图3.11 "卡西尼号"拍摄的土星北极六角风暴　来源：NASA

"灭霸"的家乡有生命？

　　土卫六是土星的众多卫星中最大的那一颗，也叫泰坦星，在《复仇者联盟》电影中，是"灭霸"的故乡。它也是太阳系的第二大卫星，在目前的太阳系中，已知它是唯一的一颗同时拥有稠密大气层和液态海洋的卫星，曾被高度怀疑有生命存在，科学家也推测其大气中的甲烷可能就是生命体的基础。土卫六的大气层中有着激烈的化学反应，但它的平均温度只有 −180℃，要找到生命可不是那么容易的。

想象一下这个景象：在广阔的平原上，散布着大大小小的石头和冰状物体及橙色的天空。这就是"惠更斯号"探测器代表人类首次登陆那片神秘土地时所看到的场景，虽然只有短短的 30 分钟，探测器就失去了作用，但土卫六的本来面目也逐渐被揭开。

人类的研究发现，土卫六与 45 亿年前的地球非常相似，具有两个生命形成的特征，那就是沸腾的有机化合物和浓密的有保护作用的大气层，土卫六也是太阳系唯一拥有合格大气层的卫星，主要由氮气组成的大气也很像地球，不过气压略高一点，上面甚至有云，只是这些云的主要成分是甲烷和其他碳氢化合物，而不是水。

科学家通过研究土卫六极地附近的甲烷湖泊的特征，证实了这个大型寒冷的卫星也存在着甲烷雨。

图 3.12 "卡西尼号"拍摄的土卫六北极附近液态甲烷湖泊　来源：NASA

2019 年 6 月，NASA 宣布了"蜻蜓计划"，目标直指独特而富含有机物质的世界：土卫六。"蜻蜓"探测器将进行多次飞行，对土星的不同地点进行采样和勘探，这架旋翼机着陆器会在土卫六上巡航至少 2.5 年，进行 24 次飞行，总航程约 180 千米。

"蜻蜓"将于 2026 年发射，并于 2034 年到达土卫六，被寄予希望的数十个地点都会逐个飞到，去寻找可能存在的那些独有的奇特生命形式，这当然也有助于我们了解地球生命出现的化学过程。

天王星因何最"臭屁"？

1781 年 3 月 13 日，英国天文学家威廉·赫歇尔在自家院子里用望远镜发现了一颗幽蓝星球，这颗星球的轨道倾角刚好在 90° 左右，于是它也被人称为一颗"躺着的星球"，这就是天王星。可它为什么是蓝色的？

它是以气体为主要成分的类木行星，大气中的主要成分是氢、氦、甲烷和氖等，太阳光出发 160 分钟左右会到达天王星。阳光照到这颗富含甲烷的行星后，甲烷对红光和橙光有强烈的吸收作用，经大气反射后就让天王星看上去呈蓝绿色。而且它的个头还不小，假如我们把这个"蓝胖子"的肚子掏空，可以放进去 50 个地球呢！

由于最低温达到了 −224℃，这让幽蓝的天王星看上去十分的"高冷"。但它其实也有热情的一面，在 2011 年，哈勃望远镜首次捕捉到了天王星表面的极光现象，两股强大的太阳风在它的身体上产生了行星际冲击波，强烈的极光伴随着天王星共同旋转，那一刻宛若一场宇宙焰火秀。

好看归好看，看上去纯净又美丽的天王星其实是太阳系里最"臭"的星球，因为它的高层大气层中包含了大量硫化氢，硫化氢在地球上就是能让臭鸡蛋发出"恶臭"的物质。如果有地球人从宇宙飞船落到天王星上，应该刚好可以躺在它厚厚的且臭臭的大气层中，掉不下去，只是这个味道也太"酸爽"了。

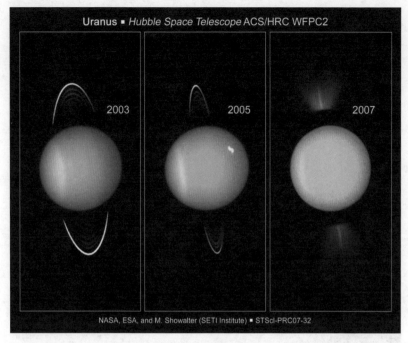

图 3.13　哈勃空间望远镜不同年份拍摄的天王星　来源：NASA/ESA

海王星上有个"大黑斑"？

海王星很像是天王星的弟弟，大气的主要成分是氢、氦和甲烷等氢化物，也因为富含吸收红光和橙光的甲烷而呈现出蓝色。它的大气里拥有着太阳系中的最高风速，可达到惊人的 580 米／秒，比自转速度最快的木星上的风还快得多，看来这个海王星还挺有个性的。其实，科学家发现海王星的过程更有意思，独特又离奇。

1821 年，法国天文学家布瓦尔整理出了天王星的轨道列表，但发现实际的观测结果与列表中计算出的轨道偏差很大，让他百思不得其解。于是布瓦尔推测天王星的附近应该有某个星体存在，因此对引力产生了影

141

响，导致了轨道位置的计算结果有偏差。

布瓦尔的判断是对的。1846年，法国天文学家奥本·勒维耶说服了柏林天文台的伽勒一起来搜寻这颗新行星。到了1846年9月23日的晚间，海王星终于被发现了，与奥本·勒维耶预测的位置居然相距不到1°，看来当一名天文学家，学好数学也很重要。现在你知道海王星为什么又被称为"笔尖下发现的行星"了吧，因为它就是用笔算出来然后被找到的。

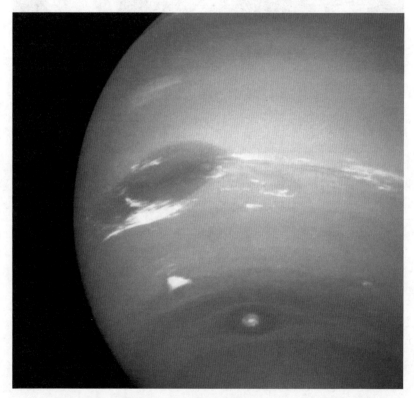

图3.14 1989年"旅行者2号"拍摄到海王星白色的云团附近的"大黑斑"

来源：NASA

1989 年，当"旅行者 2 号"探测器飞越海王星时，在这个星球发现了一个"大黑斑"，是一种类似木星的"大红斑"及土星的"大白斑"的卵状气旋，看来大气丰富的行星真的很容易长出"大眼睛"。

天王海王，钻石为王？

·····💫·····

天王星和海王星不愧是一对被称为"大小王"的行星！2020 年，美国 SLAC 国家加速器实验室通过 Linac 相干光源 X 射线激光器等设备在模拟环境中证实，在海王星和天王星的深处或许正下着钻石雨，它们俩也太"富有"了吧！

在这两个冰巨星的表面下，有数千千米的高温和高压可以让碳氢化合物分裂，碳被压缩成金刚石，向行星的核心深处沉下去，确切地说，是会产生钻石雨飞落到行星内核的表面。

实验表明，由于海王星和天王星的大气层主要由氢和氦组成，还有少量的甲烷，只要有足够的压力和温度，哪怕占比只有 1% 的甲烷也可以被分解成巨量的钻石。

比如在天王星的大气层下面，有一种由水、甲烷和氨等"冰"物质组成的超热、超密度流体包裹着的行星核心，在这种内部的高压状态下会形成液态钻石，就像水一样，让天王星的深处如同一个"钻石海"。

而海王星稍有不同，它的大气比天王星更活跃，内部会有一些非常奇怪的温度现象，比应该有的温度还要高得多，能产生 1100 万倍的地球大气压和 50000℃的高温。在这样的高温高压下，海王星形成的正是传说中的"钻石雨"现象。

冥王星有多恐怖?

19 世纪 40 年代,法国数学家、天文学家奥本·勒维耶算出了海王星的位置,根据其计算的轨道,柏林天文台的德国天文学家伽勒观测到了海王星。天文学家在随后的观测中又发现了异常,认为天王星的轨道不只受到海王星的干扰,应该还有另一个行星的存在。顺着这个思路,果然又有了新的发现,一直到 1930 年,一颗被认为是第九大行星的天体被确认发现。

英国牛津的 10 岁女学生威妮夏·伯尼建议以罗马神话中的冥界之神普鲁托(Pluto)命名这颗行星,这个名字最终被全票通过。华特·迪士尼还在当年为米老鼠设计了一只宠物狗,也叫"普鲁托"。但有很多国家对这个名字的翻译都感觉有点恐怖:比如中日韩直译过来就叫"冥王星",越南语则称它为"阎罗王星",波利尼西亚等语言也把它等同于"地狱之神",这与动画片里那只蠢萌狗的形象真是格格不入。

那冥王星实际上是什么样子呢?当人们真的了解它后发现,冥王星确实是一颗阴森恐怖的星球,它有着一层稀薄的大气,主要为氮气,阳光照射到大气中会引发化学反应,产生氰化氢(HCN)这种剧毒气体,表面温度为 $-240\ ℃$ 至 $-218\ ℃$,氮气、一氧化碳等气体在那里都被冻成了冰。

但令人感到意外的是,如此恐怖的冥王星却不是一颗死星,在冰冻表面的下方,甚至有一个庞大的热流涌动的液态水海洋。一些物质会从冥王星表面薄弱的地方喷发出来,遇冷立即被冻住,形成了太阳系独一无二的冰火山奇观。

图 3.15 "新视野号"拍摄的冥王星　来源：NASA

冥王星因何退出九大行星？

自 1930 年冥王星被正式确认发现后，就迅速成名且风光无限。但随着天文学家的不断观测和科学家们进一步的测算更新后发现，冥王星的体积和质量显然都被高估了。科学家们也逐渐意识到太阳系"九大行星"之一的冥王星其实只是柯伊伯小行星带中众多天体中的一个，再后来，它被发现甚至比月球的体积还要小或者比旁边的小行星质量还少。例如，2005 年在柯伊伯带发现的阋神星的质量比冥王星还要多出 27%，国际

145

图 3.16 柯伊伯带天体 2014 MU69   来源：NASA/JPL

天文联合会（IAU）在 2006 年正式对行星的概念进行了明确的定义，列出了 3 个条件：

　　（1）行星的轨道必须围绕太阳运转；

　　（2）行星必须有足够的质量通过自身引力成为球形；

　　（3）行星必须有能力清理轨道附近的其他天体，在自己的轨道附近不能有比自己质量更大的天体。

146

冥王星显然无法满足第三项条件，于是被 IAU 认定为矮行星，正式退出了行星行列。

只不过对于这一决议，大家的反应各不相同。包括很多天文学家在内的人反对进行这样的重新分类，有人在线请愿要求 IAU 将冥王星重新划为行星。美国新墨西哥州的众议院甚至通过了一项议案，宣布冥王星在新墨西哥州的天空中永远属于行星，还将 2007 年 3 月 13 日定为冥王星行星日。

有趣的是，美国方言学会在 2006 年第 17 届年度词汇的投票中，竟然把"plutoed"一词选为了年度词汇。也就是说，"pluto"变成动词"plutoed"后，还有一个特别的意思，就是"使某人或某物降级或贬值"。

冥王星可能从未想过自己会如此受欢迎，在几十亿千米之外，会有一个叫"地球"的行星，上面有那么多人为冥王星的身份争得不可开交。

奥陌陌是个什么"鬼"？

• • • • 🪐 • • • •

如果奥陌陌不是一艘外星人的飞船，那么它就只是一颗来自太阳系外的小行星。它是太阳系迄今发现的第一颗外来天体，在它之前，人们观测到的所有小行星都是太阳系"土生土长"的，所以你知道奥陌陌为什么会受到如此多的关注了吧。

实际上，奥陌陌只有 400 米长，40 米宽，没错，长得像一根雪茄！它于 2017 年 10 月 19 日被发现，刚开始还以为是一颗彗星，但发现它根本没有彗发和彗尾。

通过对奥陌陌的速度和轨迹进行分析，奥陌陌当时从天琴座方向进入太阳系时的速度为 26 千米 / 秒，之后太阳引力把它拉了一下，奥陌陌一个急拐弯同时释放了引力弹弓效应，提速到了 40 千米 / 秒以上。然而这个变速也成了奥陌陌最为诡异的地方，按照正常的计算，太阳系能给奥陌陌带来的重力加速度理论上是达不到它离开时的速度的。

图 3.17　来自太阳系外的小行星——奥陌陌　来源：NASA/JPL

于是，包括哈佛大学天文学院院长，同时也是哈佛大学黑洞计划的创始人艾维·劳埃伯在内的少数学者们认为，奥陌陌是一艘人工制造的光帆飞行器，所以它会有额外的动力产生，这是其具有高等智慧的特征之一。

但绝大多数的科学家对此持反对意见，奥陌陌后面表现出来的非引力加速的那部分，很可能是因为太阳加热了奥陌陌的身体，从而导致某些物质喷射。

争议仍在继续，但不管怎么样，可以确认太阳系外的天体已经来过太阳系了！

CHAPTER 04

飞行器们的朋友圈

人们对地面好奇时，发明了自行车、汽车、火车；

人们对天空好奇时，气球、飞艇和飞机诞生了；

人们对太空好奇时，各种能超越第一宇宙速度的飞行器就出现了。

谁是最传奇的天文神器？

·····🪐·····

2021 年 3 月 7 日，世界上最强大的哈勃空间望远镜由于软件故障导致暂停运行并进入了安全模式。事后，哈勃的部分功能恢复到正常运转，但故障还没有排除。2021 年 6 月 14 日，工程师们试图切换到计算机的一个备用内存模块，命令仍不起作用，又两次尝试连接当前模块和备用模块，结果还是失败了。

一个月后，NASA 宣布，导致哈勃失灵的原因终于被查明了，后面要做的就是切换到望远镜的备份硬件。因为哈勃几乎所有的硬件都采用了"双胞胎"模式，一旦出现故障，就可以转换，但是这个操作是有风险的，一旦失败，哈勃可能就直接"阵亡"了。因为切换后就从此不再有备份，而且切换后的几年内，哈勃如果再出现故障，就意味着哈勃空间望远镜时代的终结，它将永远离开我们。

当然，这并不是哈勃空间望远镜的第一次故障。1990 年 4 月 24 日，哈勃空间望远镜在美国肯尼迪航天中心由"发现者号"航天飞机成功发射，它以美国天文学家埃德温·鲍威尔·哈勃的名字来命名，以纪念他对天文学发展做出的贡献。哈勃的主要任务是探测宇宙深空，解开宇宙起源之谜，了解太阳系、银河系和其他星系的演变过程。

在设计之初，哈勃空间望远镜的使用寿命只有 5 年，但是历经了 1993 年、1997 年、1999 年、2001 年、2009 年的 5 次大维修之后，哈勃空间望远镜相当于超期服役了 30 年。

哈勃空间望远镜在过去的 30 多年里进行了 130 万多次的观测，观测了近 4 万个天体，积累了大量的数据，最远观测到了 130 亿光年外的原始星系，也因此推算出宇宙已存在了 137 亿年以上。

哈勃空间望远镜被部署在接近 600 千米的地球轨道上，由于没有大气层的阻碍，它可以拍摄得更远也更准。1995 年 4 月 1 日，科学家通过哈勃空间望远镜发现了恒星诞生的地方——"创生之柱"，成为一幅经典的天文作品。哈勃空间望远镜还证明了宇宙星系中央存在超高质量的黑洞，以及证实了大多数星系的中心都普遍存在黑洞，它还对千载难逢的 1994 年的"彗木相撞事件"进行了详细的观测，留下了珍贵的资料。

专家们普遍认可，哈勃空间望远镜取得了大量有价值的发现，甚至改写了全球天文学的教科书。

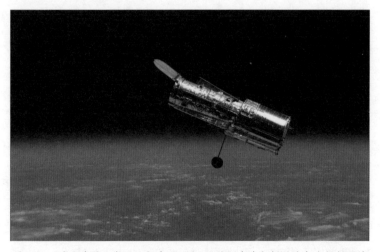

图 4.1 "发现者号"航天飞机在 STS-82 维修任务中拍摄的哈勃空间望远镜

来源：NASA

"挑战者号"的失事真相是什么？

• • • • 🪐 • • • •

你可能知道，"挑战者号"是美国第二架航天飞机，它在1986年1月28日失事了；但你可能不知道，美国的第一架航天飞机"哥伦比亚号"，在2003年2月1日也失事了。

你可能听说了，"挑战者号"和"哥伦比亚号"各有7名宇航员遇难，但你可能不知道，这两次任务中，还各有两名女性宇航员。你可能记得，"挑战者号"的事故是由于一个O型圈的失效而导致的，但你可能不知道，其实这个安全隐患有工程师早就发现了，并多次向上级汇报过。

你可能以为，"挑战者号"是升空后发生了爆炸，宇航员是葬身于火海的；但你其实不了解，航天飞机在当时并没有爆炸，只是发生了解体和部分燃烧，宇航员们在船员舱坠海前应该还活着。

让我们来解密整个过程吧！一个80吨的庞然大物，随火箭升空73秒后解体，7名宇航员全部遇难，这就是"挑战者号"的第10次太空任务。

调查报告表明：右侧的火箭助推器的O型环密封圈因低温失效，是导致事故的主要原因，并且航天飞机达到"MAX-Q"阶段时，遭遇了一次强烈的风切变。但这仅仅是表象，真正的罪魁祸首其实是NASA当时的决策者与承包商莫顿·塞奥科公司的重大工作失误。

事故发生后，一些试图被隐瞒的细节逐渐暴露出来："挑战者号"的承包商，也就是乙方塞奥科公司的一位高级工程师博罗杰·博伊斯乔利站出来指证，他在发射前的6个月就对O型圈存在的问题提出过质疑，随后他还跑到佛罗里达拍摄了上一次发射时使用的火箭，这些O型圈被烤焦熏黑的照片和分析报告还曾引起NASA的注意。NASA要求塞奥科公司进一步调查这些问题，但塞奥科公司并没有给予足够的重视，也没有向甲方NASA表明态度。

哪怕就在发射的前一天，罗杰·博伊斯乔利与他的上司鲍勃·埃比林还曾在 6 个小时的电视会议上力劝 NASA 推迟发射，同样没有成功。

但是塞奥科公司并不想修改原来的发射计划，只是象征性地举行了一次简短的内部投票，4 名高级经理赞成继续发射，并把"同意发射"的最终意见报告给了 NASA。讽刺的是，在发射前的 30 分钟，有一架波音 757 客机曾报告了当地有强气流的存在，但发射中心没有人注意这个细节，事情发展至此，悲剧已不可避免。随后，"挑战者号"点火升空，而 1 分多钟后果然发生了巨大的不幸。

唯一称得上幸运的是，负责事故调查的是大名鼎鼎的科学家——诺贝尔奖得主理查德·费曼。没错，就是享誉全球的"费曼学习法"的创造者费曼，费曼的严谨和强硬让事故的真相最终大白于天下。

外部舱解体后，其中储存的燃料与氧化剂逸出，造成了爆炸产生巨大火球的假象。一般来说，如果发生爆炸，会迅速摧毁整架航天飞机，同时所有宇航员会立即死亡。而事实上，坚固的船员舱保留了整体，并处于慢速翻转状态，2 分多钟后，以 93 米 / 秒的速度坠海。在 16600 米高空时，挑战者号变成了一团大火，两枚失去控制的固体助推火箭喷着火向前飞去，眼看就要掉入人口稠密的陆地。在第 100 秒时，航天中心的安全军官通过遥控装置将它们引爆，避免了更大的事故。

其实，在空中解体已经不是最坏的结局了，因为一直在反映问题的工程师博伊斯乔利当时就认为，航天飞机很可能在发射台上就会爆炸。如果真的发生了这样的事情，这个曾创造了美国太空探索领域多个"第一"的卡纳维拉尔角空军基地将会毁于一旦。马斯克的 SpaceX 公司后来拥有这里 39A 发射台的使用权，创造了多个美国商业航天的奇迹。

图 4.2 "挑战者号"航天飞机主发动机和固体火箭助推器在烟雾包围下飞出

来源：NASA

"哥伦比亚号"引发人性大讨论？

　　虽然完成了人类航天史上最大胆的试飞，但"哥伦比亚号"的好运并没有持续到最后。这个美国第一架正式服役的航天飞机，在 2003 年 2 月 1 日的第 28 次任务的最后阶段，机身解体而坠毁，机上的 7 名宇航员全部丧生。与此前"挑战者号"不同的是，失事是在降落的环节，因外部燃料箱表面的泡沫材料在安装过程中存在缺陷，留下的缝隙让液态氢渗入其间。在后来的降落飞行中，遇热膨胀的氢气导致三大块泡沫材料脱落，它们击中机身并造成破坏，最终造成了航天飞机的解体。

事故调查出来的原因并没有引起太大的争议，但 NASA 前飞行主管
韦恩·哈尔却在 2013 年爆出了一个惊天大秘密。他称 10 年前，"哥伦比
亚号"航天飞机在机翼出现受损后，NASA 主管和高级工程师们就已经
知道了这架飞机将会机毁人亡，但他们却一致同意对机上的所有宇航员隐
瞒这个事实，从地面人员发现问题到"哥伦比亚号"解体，中间有 1 分多
钟的时间，足以告知宇航员们当时的实际情况。但在当时，NASA 的高
层认为，让宇航员们知道实情后，会在痛苦绝望和折磨中度过生命的最后
时刻，还不如让他们在毫不知情的情况下突然地死去。

据哈尔回忆："当时的飞行任务总指挥乔恩·哈珀尔德在紧急会议
上说：'你们都知道，对于隔热保护层受损，我们都无能为力。所以，如

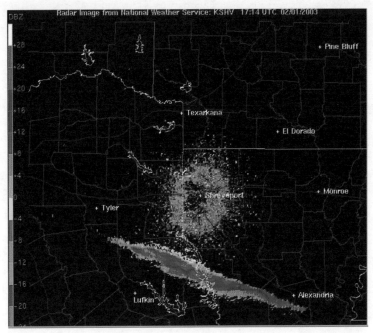

图 4.3　美国国家气象局探测到"哥伦比亚号"残骸，以红色、橙色和黄色显示

来源：美国国家气象局

果真的发生了事故，我认为宇航员也情愿蒙在鼓里。'现场所有人沉默不语，默许了这个艰难的决定。"

但哈尔多年来却一直为此深深自责，他认为如果当年把真相告诉宇航员们，至少他们还可以与死神进行最后的抗争，或者是向亲人留下最后的遗言。

"史上最贵的维修"是在太空？

2009 年 5 月 11 日，哈勃空间望远镜进行了第 5 次太空维修任务，由"亚特兰蒂斯号"航天飞机执行任务，整个飞行任务持续了 13 天。在这次任务之后，航天飞机就将全部退役，航天飞机项目的终结，也意味着人类事实上已失去了对哈勃空间望远镜进行现场维修的能力，所以这也是最后一次现场维修哈勃的任务。

为接近哈勃空间望远镜，"亚特兰蒂斯号"航天飞机到了 578 千米的高度，由 7 名宇航员带去了两台大型部件，分别是"宇宙起源光谱仪"（COS）和"广角相机 3 号"。任务期间，机组还为哈勃空间望远镜更换了精细导星传感器、6 个陀螺仪，以及两个电池组，打算让哈勃空间望远镜持续工作到 2014 年之后。

当时，宇航员们还使用一台 IMAX 摄像机对任务进行了全程记录，这部纪录片曾在 2010 年上映，名字就叫《 IMAX: Hubble 》。

最终，任务获得圆满成功，哈勃空间望远镜也比以前看得更远了。不过当时也不是一帆风顺，在拧第 4 颗螺丝时居然滑丝了，怎么也拧不下来，花了 4 个多小时都没有处理好，最后只能下令维修人员强行扳下把手才解决了问题。在这之后就再也没有碰到任何困难了，这个号称"人类历史上最贵的一次太空维修"就这样完成了。

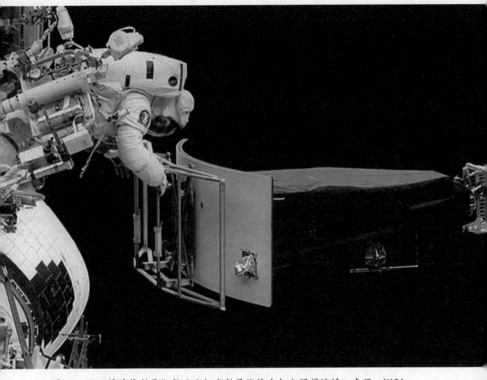

图 4.4 "亚特兰蒂斯号"航天飞机宇航员维修哈勃空间望远镜　来源：NASA

"暴风雪号"航天飞机死于暴风雪？

••••🪐•••

1988 年 11 月 15 日，全球运力最大的来自苏联的"能源号"运载火箭，把世界上最大的航天飞机"暴风雪号"送入了轨道。从拜科努尔发射场起飞后，无人驾驶的航天飞机全自动地环绕地球飞行了 2 圈，历经 3 个多小时，这个被称为"超高难度"的任务圆满成功，"暴风雪号"安全地返回了地面。

而当时，苏联为了远距离转运这架巨型的航天飞机，配套使用的是世界上最大的运输机"安 -225"。这一次任务,动用了 3 个"世界之最":最大的火箭、最大的航天飞机、最大的运输机。

可你知道吗?这仅仅是"能源号"火箭的第二次任务,是"暴风雪号"的第一次也是最后一次任务,这两个"大家伙"从此再也没有执行过任务。据统计,苏联在这个项目上的花费前后一共超过 400 亿美元。一些人认为,由于这种超级工程的耗资巨大,加速了苏联财政状况的急剧恶化,最终导致 3 年后的苏联发生解体事件。

2002 年 5 月 12 日,一场暴雪突然袭来,积雪压塌了机库,这架象征着俄罗斯最强技术之一的"暴风雪号"航天飞机在一场暴风雪中彻底被损毁。

世界最大的飞机还好吗?

可以这么说,当时是为了运输"暴风雪号"航天飞机,才有了世界上最大的飞机的诞生。超级大的"安 -225"的机身长度是 84 米,高度为 182 米,翼展为 88.4 米,机翼面积达到了 905 平方米。最大起飞重量是 640 吨,货舱最大载重约 250 吨,机身顶部的最大载重在 200 吨左右,机背上有很多的凸起就是为了固定"暴风雪号"航天飞机和另一款"MAKS"空天飞机而设计的。"安 -225"的航速达到了 800 千米 / 小时,飞行高度的上限大约是 9 千米。当时,"安 -225"运输机和"暴风雪号"航天飞机一同出现在 1989 年的巴黎航展上时,惊艳了全世界。

这架超大型的运输飞机当时只生产完成了一架,目前已归乌克兰安东诺夫航空公司所有,而当时另一架制造中的"安 -225"一直没有完成出厂。同样有人认为,这两个"超级巨无霸"也加速了苏联的解体,因为耗资确实太大了。

有人计算过，如果把"安 –225"巨大的舱内容量转作客机的话，能装下超过 2000 名乘客，是 A380 客机的 4 倍以上，但是需要 6 名飞行员来操作。"安 –225"的最大航程是 1.54 万千米，在全负载情况下，可以飞行 2500 千米。

1988 年 11 月 30 日，第一架"安 –225"完工并出厂；1988 年 12 月 21 日在基辅进行第一次试飞；1989 年 5 月 12 日完成首次背负"暴风雪号"的飞行；2018 年 4 月 3 日，"安 –225"运输机从乌克兰基辅飞往德国莱比锡市，出厂了 30 年竟然进行了第一次商业飞行；2020 年 4 月 12 日，"安 –225"完成了新冠肺炎疫情期间往来中国的首飞，在中国采购的 1050 立方米的抗疫物资被运抵波兰；2020 年 4 月 19 日，一架满载医疗物资的"安 –225"运输机从中国出发，降落在巴黎瓦特里机场。

没想到这架出生在 30 多年前，为"暴风雪号"航天飞机而生的运输机，最终成了一场全球化疫情中最受欢迎的商业运输机。

俄罗斯为何要退出 ISS？
••••✎••••

ISS（International Space Station）指国际空间站，这个由 16 个国家合作，史上规模最大、耗时最长、花费过千亿美金的超级工程，1998 年启动建设，2010 年才全面投入使用。由于近几年来出现了各种老化、损坏甚至漏气的问题，于是国际上的共识，尤其是美国，也只是希望延长 ISS 的寿命，不少专家认为，花再多的钱，恐怕也只能延续到 2030 年左右。

第一批宇航员是在 2000 年进驻国际空间站的，如今 20 多年过去了，ISS 似乎大限已到。俄罗斯在 2021 年就已明确表态，2025 年后将退出该项目，普京已批准俄罗斯联邦航天局着手自主建设空间站。很多专家也预计在 2025 年后,国际空间站的不少部件会雪崩般地失灵。

国际空间站日趋老化是不争的事实,尤其是在 2018 年出现的"漏气"事件尤为严重,宇航员在空间站里发现了漏气的孔洞。到了 2021 年 7 月底,俄罗斯发射了近 30 年的库存老古董"科学号"实验舱进入太空,在与国际空间站的对接过程中,居然发生了动力失控的意外,出现了一次 ISS 直接翻转 540°的"奇观"。

美方还没来得及跟俄方算账,俄罗斯国家通讯社——塔斯社却突然"开炮"了,发文点名指责美国宇航员塞丽娜·奥农·钱赛勒就是 2018 年"漏气事件"的罪魁祸首,认为这名医学博士当时因身体原因导致了心理问题,在俄罗斯舱段打孔蓄意破坏,并嫁祸给俄方,这样就能提前结束任务,还可以乘坐俄罗斯的飞船返回地球(她是乘坐俄罗斯"联盟号"进入太空的,按计划也会随这个飞船返回)。

美国当然不会承认这样的指控,并以"保护隐私"等原因拒绝谈论这名 NASA 宇航员的病情。有美国媒体认为,俄罗斯此举不过是为了分散国际舆论的注意力,消减"科学号"实验舱失误后造成的恶劣影响,双方因为此事闹得很不愉快,也很难有什么明确的结论。加上当前错综复杂的国际关系,也不太可能让美俄两国在太空领域继续保持强关系的合作。所以,两国合建新空间站的可能性已几乎为零。

中国空间站为何牛气冲天?

20 多年前,一群地球人在一个礼堂开会,商讨征服太空的大计,一名衣着朴素、身形消瘦的少年被几个富家子弟赶出了会场,无缘参与会议。当时,蹲坐在门口的少年就暗暗立誓,有朝一日,他一定要建设自己的太空堡垒,征服星辰和大海。

你们可能都猜到了，这个少年就叫"中国"。

2021 年 4 月 29 日上午 11 点，重约 22 吨，由中国自主设计的空间站的核心舱"天和"乘坐长征五号 B 遥二运载火箭直冲云霄，成功被送入预定轨道。虽然在 1998 年中国未能参与号称地球上最大的太空合作项目——国际空间站，但 2021 年中国却能骄傲地宣布，有来自 17 个国家 23 个机构的 9 个项目在 42 项申请中脱颖而出，成为中国空间站科学实验的首批入选项目。

建成后的"天宫"空间站将位于距离地面约 400 千米的近地轨道，正好是中国第一高楼 632 米的上海中心大厦的 632 倍，将成为国家级太空实验室。在海上，中国有航空母舰，在天上，中国又有了太空母港，可以开展更大规模的相关技术和科学实验，还可以为其他的航天器提供在轨的服务，如给其他的航天器提供维修、保养、升级、加注燃料等服务。

我国在两年内用长征五号 B、长征七号、长征二号 F 火箭完成了 11 次任务，先后发射"天和"核心舱、"问天"和"梦天"两个实验舱，三舱总重约 70 吨，在轨组装完成后，形成了 T 型结构。还有 4 艘"神舟"载人飞船和 4 艘"天舟"货运飞船，最终的样子变成一个"干"字，重量达到 180 吨，约等于 120 台小轿车的重量。

我国的航天员从核心舱的建设阶段开始就承担着各项重要任务，进行多项科学实验，完成多次复杂的出舱太空行走，并利用机械臂的协同完成一系列舱外任务。

"天宫"空间站建成后大约是 110 立方米，极为宽敞，能实现长驻 3 人，短驻 6 人，里面 Wi-Fi、空调、个人通信、餐饮娱乐等设施一应俱全。从国际空间站的现状我们也可以看到，在未来的一段时间内，"天宫"甚至都没有竞争对手，不仅可以迅速确立我国在载人航天上的国际地位，还非常具有商业价值。

"长征五号"火箭到底牛不牛?

••••✦••••

回头看看这些年,我国的火箭技术发展简直是奇迹。从无到有,形成了发射低、中、高等不同轨道、不同类型航天器的能力。

在"长征五号"火箭研制出来之前,受 3.35 米传统箭体直径的限制,同步转移轨道的运载能力最大才 5 吨,与国际主流水平差距较大。2006 年,国务院批准"长征五号"火箭立项,采用全新设计,火箭芯一级、芯二级直径为 5 米,捆绑 4 个 3.35 米直径助推器。不仅大大地提升了技术能力,填补我国大推力无毒无污染液体火箭发动机的空白,而且还一举进入了代表国际先进水平的行列,是我国由航天大国迈向航天强国的重要标志性事件之一。"长征五号"运载火箭是我国目前起飞规模最大、技术跨度最大、运载能力最强的大型运载火箭,具有大推力、高可靠、无毒无污染的特性。

"长征五号 B"运载火箭是以"长征五号"为基础改进研制而成的,主要承担着我国空间站舱段等重大航天发射任务。全长约 53.7 米,整流罩长 20.5 米,直径达 5.2 米,采用无毒无污染的液氧、液氢和煤油作为推进剂,起飞质量约 849 吨,近地轨道运载能力大于 22 吨,起飞重量约 870 吨,起飞推力超过 1000 吨,是"长征三号乙"火箭运载能力的 2.5 倍以上。全箭采用了 247 项核心关键新技术,配备了 8 台全新研制的 120 吨液氧煤油发动机、4 台全新研制的氢氧发动机,在一级和二级火箭上各装配了两台,设计可靠性甚至达到了最高的 0.98。

美国为何不再造"土星 5 号"?

••••✦••••

一直以来,"土星 5 号"运载火箭都是美国航天人的骄傲,是当时世界上仅次于苏联"能源号"重型运载火箭的一款超级"巨无霸",但它的发射次数却远远领先于"能源号"。"土星 5 号"长 110.6 米,第一级和第二级的直径为 10 米,总推力达 3408 吨,近地轨道运载能力达到了令人惊叹的 118 吨。

1967 年到 1973 年共发射了 13 枚"土星 5 号"运载火箭,其中 9 枚"土星 5 号"运载火箭将载人的"阿波罗号"宇宙飞船送入了月球轨道,堪称完美的运输工具。这个有上万家美国企业及数十万人员参与过的项目,当时虽然极大地推动了美国航天产业和高新科技的发展,却最终因耗资巨大等原因而逐步被放弃。到了 1970 年,"土星 5 号"正式宣布停产。

令人尴尬的是,坊间至今仍有传言:美国已无法再次生产出"土星 5 号",因为设计图纸已经丢失了。NASA 曾辟谣:"土星 5 号"的图纸保存完好。当然,业内人士分析认为,图纸即使丢失也肯定不会是主要原因,毕竟美国当年已经多次成功登月,兴趣确实逐渐消退,而苏联解体后,需求就更加小了。还有一点就是,美国本土的制造业当时已大量外流,"冷战"后期紧缩资金后,已没有之前那么多企业能做配套,也确实无法再支撑"土星 5 号"这么浩大的工程了。

再后来,连航天飞机这样的项目都停了,NASA 送宇航员往返国际空间站的任务干脆外包,还经常直接从俄罗斯的手里高价购买服务,对于"土星 5 号"这样的"老古董"就更没有了生产的动力和兴趣。毕竟半个世纪过去了,"土星 5 号"的很多技术也都过时了,用这样的项目找国会要预算也太难了些,于是 NASA 干脆推出了全新的从航天飞机演变而来的超重型运载火箭项目——SLS(太空发射系统)。加上"土星 5 号"的发动机技术方向也与 SLS 不一致,因此当年的"登月功臣"被放弃便成了理所应当的事情。

图 4.5　最后一枚"土星 5 号"，AS-512，于发射"阿波罗 17 号"前夕拍摄　来源：NASA

SLS 为何会被马斯克碾压？

· · · · ·〰· · · · ·

　　SLS（Space Launch System）由航天飞机演变而来，本质上是一款超重型运载火箭。该项目于 2011 年正式推出，原计划是要在 2017年发射的，但直到 2021 年 4 月底，承制商波音公司才把 SLS 的芯一级运到肯尼迪航天中心对接和组装。

2021 年 1 月 17 日，这个被称为史上最强运载火箭系统的 SLS 的芯级点火试车，67 秒就草草收场，让众多航天爱好者大呼不满。终于，在 2021 年 3 月 19 日，SLS 的芯级完成了最严酷的测试，4 台 RS-25 发动机持续点火 499.6 秒，产生了约 725 吨的推力，火箭起飞时的总推力可达 4000 吨，全程约 8 分 20 秒，刚好是把飞船送入轨道所需的时间，看来美国人重返月球的 Artemis 计划中的重要一步总算有点眉目了。

SLS 最初的预算为 70 亿美元，但是还没到 2020 年，投入已经达到了 200 亿美元以上。2021 年 8 月，马斯克的 SpaceX 公司完成了"星舰飞船 S20+ 超重助推器 B4"的上下组合，一个 120 米的巨型火箭出现在人类视野里。这个"世界上最大的运载器"当时配置的是 29 台猛禽发动机，每台发动机产生的推力为 230 吨，一共能产生 6670 吨的理论推力，也是 SLS 一级推力的一倍多，马斯克还宣称会持续加大它的推力。

SLS 火箭未来要和洛克希德·马丁公司的"猎户座"飞船配合，可实现载人登月等深空活动。"猎户座"飞船直径 5 米，重约 25 吨，可居住空间是"阿波罗"登月飞船的 2.5 倍，最多可以载 6 名宇航员，也是目前首飞成功的最大的宇宙飞船。这样的组合让 SLS 发射一次的费用就要超过 10 亿美元，这个代价让 NASA 不敢随意发射，但马斯克显然不想放过打击波音的机会，公开声称 SpaceX 的重型火箭发射一次只需 200 万美元左右的燃料费用。

如果马斯克所言非虚，按照这个态势发展下去，很多业内专家都会认为，成本过高的 SLS 即使造出来，实际的市场价值也不大，能顺利完成那些已经定下来的登月任务都实属不易，最后的结局估计跟"土星 5 号"一样，彻底消失于"江湖"。

图 4.6　SLS 火箭　来源：NASA/MAF

印度有个"阿凡达"？

• • • • 🪐 • • • •

2021 年，你重温了《阿凡达》电影吗？没想到吧，这部史诗级的大片，10 年后重映还能那么火爆。"Avatar"（阿凡达）这个单词其实源自印度的梵语，是"化身"的意思。

2001 年，这个词就曾被印度用来命名他们国家的航天飞机，要知道，当时马斯克的 SpaceX 都还没成立呢。

当时这个飞机的设计理念是十分超前的：只有 25 吨，单级可进入 100 千米的轨道，可搭载一吨级的单颗卫星，或者是同等重量的数颗小卫星，据说它与美国的航天飞机一样，设计为可重复进行 100 次任务。

5 年后的 2006 年，并没有看到印度的航天飞机，只不过印度曾做过一次超燃冲压发动机的试验，当时以 6 马赫的速度仅仅燃烧了 7 秒就结束了；到了 2010 年，项目改名为"先进技术验证器"（ATV）；2016 年，印度版的"阿凡达"再度出现在公众视野时，已经变成了航天飞机的 6 倍缩小版——一个名叫"RLV-TD"的验证机，"RLV-TD"进行了一次大气层内的试飞后，便消失在航天人的"朋友圈"里了。

美国已在十多年前主动停止了航天飞机的计划，斥巨资研发 SLS 打算取代"土星 5 号"和航天飞机来继续征服太空。那印度是否也彻底放弃了"阿凡达"航天飞机计划呢？这个就不得而知了。《阿凡达》电影里有一句台词：人这一辈子，有时就得靠一次疯狂的举动才能扭转乾坤！

印度人有没有可能制定一个更疯狂的计划呢？

"毅力号"火星车史上最贵？

北京时间 2021 年 2 月 19 日 4 点 55 分，在经历了"恐怖 7 分钟"后，美国"毅力号"火星车成功着陆于火星表面。这个造价超过了 27 亿美元的火星车，也是人类历史上打造的最昂贵的一台外星漫游车，身上还携带了一架价值约 5500 万美元的火星无人直升机——"机智号"，它在"毅力号"的帮助下进行了多次火星试飞。

由于同样使用的是"RTG"核动力能源，"毅力号"的后续工作时间也可以像"好奇号"一样不断延期。"毅力号"的主要目的是寻找火星上生命的痕迹，它一共携带了 23 台照相机，这也创造了一个世界纪录。"毅力号"携带的 X 射线光化学荧光光谱仪，可以更加精细地测定土壤和岩石的元素构成，其所携带的新型地下雷达成像仪则能直接探测地下 10 米以内的水冰和盐水含量，并辅助监测有机物的含量。此外，"毅力号"会收集值得研究的火星土壤或岩石样本，通过后续任务用"接力"的方式将样本送回地球，只不过最快也要到 2031 年。

其实着陆的颠簸根本不算什么，火星上的沙尘暴的风速才是大到难以想象的，速度最高达到了 180 米/秒，是地球上的 3 倍以上。但是因为重力不大，实际威力并不足以摧毁任何设备，只是火星的沙尘粒子非常细小且带有微静电，持续不断的沙尘暴可能会让它们钻入机器设备内部，引发故障。被喷在"毅力号"上的油漆要能耐受 100℃ 左右的温差，之前的火星车都经历了这个环境，感觉没有多难。但还得确保火星车的表面不会吸收水和其他化学物质，所以当喷漆完成后，还要在一个巨大的地热真空室中进行 3 天的烘烤，是的，必须是在真空环境下完成。

图 4.7 "毅力号"在火星上的自拍　来源：NASA

"机遇号"为何是火星"劳模"？

2018 年 6 月，火星上一场全球规模的超级沙尘暴覆盖了"机遇号"，地球从此没法再收到它的信号，NASA 的工程师们发出了 1000 多条恢复联络的命令，均没有成功。在失联后的第 8 个月，NASA 正式宣布了"机遇号"的死讯，全球的航天爱好者们一片哀嚎，甚至美国当时的副总统迈克·彭斯都发推文致敬这台在火星上持续工作了 15 年的探测车。

"机遇号"于 2004 年登陆火星，设计寿命为 90 天，行驶 600 米。谁也没想到，这辆太阳能小车居然能坚持那么久，总移动里程超过 45 千米，堪比一场地球人的马拉松。

"机遇号"最大的收获是发现了火星曾存在地表水和大量水资源的证据，还帮助科学家了解了火星的地质形成过程。

"好奇号"是 2012 年才着陆火星的，这台核动力巡视车工作了 9 年，车轮已经出现了严重破损，好在问题不太大。但无论怎样，"机遇号"连续探索火星 15 年的这个时长纪录，在未来很长的一段时间里都不会被打破。

图 4.8　2003 年还在地球上的"机遇号"　来源：NASA

首台外星无人机有多机智？

2021 年 2 月，火星上迎来了首台无人直升机，这也是地球以外的星球上的首个陆地飞行器。这台半米高的"机智号"无人机造价约 5.5 亿元人民币，重量只有1.8千克，由加州理工大学喷气推进实验室（JPL）打造。

科学家们为了保持它的轻便，没有配备大功率的充电锂电池，虽然顶部有太阳能板进行充电，但充一天也只能飞90秒，最远能飞300米。由两个反向螺旋桨提供升力，转速可达2500转/分钟，是普通机型的8倍以上，垂直起降速度可达3米/秒，飞行速度大约10米/秒。

"机智号"携带了2台成像系统：1台30万像素的宽视场全景导航相机，用于跟踪直升机的位置；1台1300万像素的彩色相机，用于捕捉最低点到高于地平线的表面。

按计划，无人直升机在一个月内将执行5次飞行试验，飞行难度会一次比一次复杂，最后一次的飞行任务设计得比较悲壮：它会一直朝某个方向飞，能飞多远就飞多远，直至失联并"阵亡"。令人没想到的是，"机智号"在成功完成了2次飞行任务后，表现得超乎寻常的好，让NASA改变了主意，决定让它能飞多少次就飞多少次，一直到飞不了为止。

"机智号"用自己的机智，彻底改变了命运。

图4.9　由"毅力号"拍摄的"机智号"照片　来源：NASA

"嫦娥四号"也有人类首次?

• • • • 🪐 • • • •

2019 年 1 月 3 日,"嫦娥四号"探测器实现了人类探测器首次在月球背面成功软着陆,着陆地区位于南极艾托肯盆地的冯·卡门撞击坑内。"嫦娥四号"是"嫦娥三号"的备份星,"姐妹俩"在设计、结构等方面基本相同,但着陆在背面比在正面困难多了,最重要的一条就是通信障碍,由于地月的"潮汐锁定",月球背面无法与地球直接通信。

所以,我国在 2018 年 5 月 21 日,预先发射了一枚通信中继卫星"鹊桥号",作为"嫦娥四号"任务的通信"桥梁"。

"嫦娥四号"上还承载了许多领先的航天技术,如使用放射性同位素元素钚 – 238 的核电池,还携带了生物科普试验载荷——一个小型的月面生物培育舱,里面有棉花、油菜、马铃薯、拟南芥、酵母和果蝇 6 种生物,其中棉花种子成功发芽生长,成为人类在月球表面培育出的第一片绿叶。

该项目的总设计师——重庆大学环境与生态学院教授谢更新说:"这个试验的成功为人类今后建立月球基地提供了研究基础和宝贵经验。"

"旅行者一号"凭什么飞了 40 多年?

• • • • 🪐 • • • •

1977 年 9 月 5 日,"旅行者一号"探测器携带一个铜制镀金磁盘唱片发射升空。之后,在太空中飞行了 40 多年,在距离地球约 230 亿千米时,仍始终保持着与地球的联系,只不过传回信息已需要 21 个小时以上。

1990 年 2 月 14 日情人节,已飞行 13 年的"旅行者一号"在距离地球约 60 亿千米的地方回头"看"了一眼,还拍摄了一张太阳系的"全家福"，当时的地球在图片中只是 0.12 个像素的小点，几乎看不清楚。但它之所以会拍这张照片，是因为"旅行者一号"再向太阳系外飞的话，就再也看不见地球了，这是它的最后一次"深情回眸"。2012 年，"旅行者一号"抵达了太阳系的边缘，即将成为首个冲出太阳系的飞行器，成为人类航空航天史上的一座极具纪念意义的里程碑。

在深空飞行和地球上是完全不同的，太空中没有空气和重力，几乎没有阻力。理论上"旅行者一号"可以依靠惯性持续不断地飞行，只要它的速度超过了 16.7 千米 / 秒（第三宇宙速度），就只需惯性，不需要动力也能飞离太阳系了。

其实，"旅行者一号"在被送入太空之前，科学家就计算好了飞行轨道，先后利用了多个行星的引力来为它加速，以此来达到第三宇宙速度。原理就是利用"引力弹弓"效应这个天然的行星助推器，在星际旅行的探索中帮助航天器节约大量的燃料。

1979 年，"旅行者一号"在飞掠木星的时候，就借助了木星强大的引力，这使它的速度一度达到了 37 千米 / 秒，远远超过了第三宇宙速度。

同时，"旅行者一号"身上配备了 3 块钚元素核电池，通过钚 –238 放射性同位素的自然衰变产生热量，再将热能转化为电能，以此作为能量来源。在经过 40 多年的能量消耗后，NASA 已陆续关闭了"旅行者一号"的某些科学探测设备，到 2025 年，"旅行者一号"的电力将彻底耗尽，从此断了与地球的联系，漂浮至宇宙深处。

"旅行者二号"为何最有价值？

1977 年 8 月，"旅行者一号"和"旅行者二号"这对孪生兄弟准备

图 4.10 "旅行者一号"艺术图　来源：NASA/JPL

执行任务。发射前，NASA 突然决定让"旅行者二号"在完成探索木星
和土星的计划后，继续飞向天王星和海王星方向，最后冲出太阳系。

　　为了这个计划，本来安排在"旅行者一号"后面发射的"旅行者二
号"居然在"哥哥"之前就出发了，两兄弟朝着不同的方向向太阳系外飞
行。"旅行者二号"朝射手座飞，速度虽然比"旅行者一号"要慢，但并
不妨碍它的作用。"旅行者二号"探测器被誉为最有价值的探测器，探访
过众多行星及卫星，曾在 1979 年 7 月接近木星时发现了多个绕木环，还
拍摄了木卫一，发现上面有火山活动；1981 年 8 月，接近土星并利用其

引力弹往了天王星，于 1986 年 1 月 24 日最接近天王星，发现了 10 个以上之前未被人知的天然卫星，在 1989 年 8 月 25 日最接近海王星。

其实，"旅行者二号"也携带了跟"哥哥"身上同样的镀金铜唱片。2018 年 12 月 10 日，"旅行者二号"探测器飞离了太阳风层，成为第二个进入星际空间的探测器。其实跟"旅行者一号"一样，它也是地球送往宇宙的漂流瓶，或许某一天"兄弟俩"能够作为证明地球文明曾经存在的证据。

图 4.11　旅行者二号艺术图　来源：NASA

"新视野号"的视野有多远？

"新视野号"是一颗 2006 年 1 月发射的冥王星探测器，主要是为了探测冥王星和冥卫一卡戎，最后会去探索柯伊伯带里的某些小行星群。它是人类发射过的起始速度最快的太空探测器之一，在 2015 年 7 月就已经飞掠了冥王星，2015 年 8 月 29 日，NASA 公布"新视野号"的下一个目的地是编号为"2014 MU69"的柯伊伯带的某个天体。

"新视野号"于 2019 年 1 月 1 日近距离飞掠了小天体"天空"（Arrokoth）后，获取了巨大的数据量，在这之后的 20 个月里，一直在向地球回传数据，NASA 也没再敢给它分派其他任务。

图 4.12 "新视野号"渲染图　来源：NASA/JPL

之后，"新视野号"打算继续飞掠另一个柯伊伯带天体 (KBO)。但为了增强"新视野号"寻找新的 KBO 目标进行研究甚至飞越的能力，NASA 在 2020 年 11 月又改变原计划，"新视野号"不再飞掠这颗 73.6

亿千米外的小天体，而是升级计算机系统和仪器软件，升级时间持续到
2021 年年底。过程中将新系统文件上传到了"新视野号"上的 4 台科学
仪器中，升级后的软件能够增强这些仪器的采集能力。

当然，这一切都不会改变"新视野号"的最终使命，它最后还是会
以 13.4 千米 / 秒的速度离开太阳系，直至失去踪影。

谁是太阳系"土木专业"的最牛毕业生？

"卡西尼 - 惠更斯号"探测器，主要对土星及其大气、光环、卫星和
磁场等进行深入考察。这是一个神奇的组合体，分为"卡西尼号"卫星和
"惠更斯号"着陆器，因 NASA、欧洲航天局和意大利航天局的共同合作
而诞生，其间共有 17 个国家参与了"卡西尼号"计划，它也是人类进入
"太空时代"以后最大的国际合作课题之一。

1997 年 10 月，这个高 6 米，直径约 3 米，重达 6.4 吨，携带了
27 种最先进的科学仪器设备的"卡西尼号"被发往土星轨道，成为 20
世纪的最后一艘行星际探测大型飞船。它先后两次绕过金星，飞过地球和
木星，利用"引力弹弓"效应进行加速，用了 7 年的时间才进入环绕土
星的轨道。2005 年，与"卡西尼号"分离后的"惠更斯号"子探测器准
备着陆土卫六，这个着陆器重 319 千克，外形像个贝壳，前部有防热盾，
配有 3 个降落伞，整个着陆过程持续了 2 小时 15 分钟。在此期间，着陆
器上的 6 个探测设备分别收集了土卫六的大气的各项数据，包括降落的
全息摄影、光谱分析、风场强度、温度、气压、电场和磁场等数据，经
"卡西尼号"探测器发送回地球。

因为能源不足，"惠更斯号"大概在土卫六上待了 90 分钟后就"阵
亡"了，它在土卫六上的这次探索也被全世界誉为"巨大的成功"。可惜

在持续约 2.5 个小时的着陆过程中拍摄的超过 700 张照片，地球方面只收到了其中的 350 张，有超过二分之一的资料丢失了。这主要是由于欧洲航天局负责的软件指令程序出现了严重的错误而导致的，让这次的任务留下了一个巨大的遗憾。

"卡西尼号"则继续在土星的身边工作了约 13 年的时间。2014 年，"卡西尼号"在土卫二的冰层下竟然发现了一个隐藏的海洋；2015 年，土卫二喷发的冰又被"卡西尼号"发现了，并分析出其中含有大量的氢气分子和二氧化碳，可以推断它们是由温暖海洋和海底岩层之间发生了水热反应后产生的。这与地球在数十亿年前诞生、孕育生命的环境很相似，由此认为，土卫二几乎具备了生命所需的所有条件——水、有机物，以及能量来源，说不定有微生物就"藏身"在海床之中。

2016 年，土卫六的表面被确认有液态沟渠，大气层中富含氮，而根据"卡西尼号"和"惠更斯号"的探测结果，还推测出土卫六上可能冷藏着很多化合物，这与早期的地球非常相似。科学家们认为，土星环可能比先前预料的规模更大，历史也更久远，它很有可能早在 45 亿年前就形成了，与土星同样古老。"卡西尼号"还发现土卫六上有一条"微型尼罗河"，与地球的尼罗河非常相似，但规模要小得多，它从"源头"通向一片巨大的海洋，长度超过了 400 千米，这是首次有如此高清的图像显示在地球之外存在这样庞大的"水系"。

还有，土星上的季节性变化和土星北极的六边形巨型风暴也都是"卡西尼号"发现的。2017 年 9 月 15 日，"卡西尼号"的燃料将尽，科学家们控制它"自焚"于土星的大气层中，最后一刻它还回传了土星大气的重要数据。2019 年 1 月，美国方面宣布：根据"卡西尼号"此前发回的数据测算得出，土星上一天的时长是 10 小时 33 分 38 秒，比 20 多年前的测量值短了 6 分钟左右。

这个造价 30 亿美元，飞行超过 78 亿千米，有 20 年工作经历的探测器名叫"卡西尼号"，它当之无愧地成了人类深空探测史上的经典之一。

图 4.13 "卡西尼－惠更斯号"概念图 来源：NASA/JPL

谁跑了几十亿千米去外星挖矿？

去外星球挖矿这事，其实已经不新鲜了。你知道日本的"隼鸟 2 号"吗？"隼鸟 2 号"于 2014 年 12 月出发，在一颗名叫"龙宫"的小行星上取了些样本；2020 年 12 月，把地下物质样本扔在了南澳大利亚后，"隼鸟 2 号"又飞去另外一颗小行星继续探索。与此同时，我国的"嫦娥五号"也去了一趟月球，挖了点月壤带回地球。

美国人则是在 2016 年 9 月，派出了一个名叫"奥西里斯－REx"的探测器，去了一个 2135 年可能会撞击地球的"贝努"小行星。2020 年 10 月，"奥西里斯－REx"探测器通过一个特殊的机械臂装置，在直径约 500 米的"贝努"身上收集了约 900 克的样本，计划于 2023 年 9 月把样本舱扔在美国西部的沙漠里。

这个任务前后共 7 年，美国花费了超过 12 亿美元去采样。简单算个账，1 克样本至少花费了 800 万元人民币，值吗？当然从挖矿角度，这肯定是不划算的，虽然"贝努"小行星富含大量铂金和黄金。但是，"贝努"是一颗有着 45 亿年历史的小行星，找它当然不是为了挖矿，通过它不但可以研究太阳系形成的过程，还可能通过对岩石的分析，寻找出解除小行星撞击地球危机的办法，更理想的状态是，万一找到了富含有机物的物质，说不定还能搞清楚太阳系中有没有出现过地球以外的生命，或者了

图 4.14　小行星"贝努"（Bennu）　来源：GSFC

解地球生命的起源。

小行星"贝努"距离地球约 2.87 亿千米,可为何这次"返乡"的路程却长达 25.87 亿千米呢?因为"奥西里斯 -REx"在摆脱"贝努"的引力后,不能以直线返回,而需要绕太阳运行两圈才能将样本舱送回地球。

谁是史上速度最快的探测器?

· · · · 🪐 · · · ·

2018 年 8 月 11 日,人类第一艘飞往太阳的探测器——"帕克号"出发了,这是 NASA 第一次使用在世科学家的名字命名的探测器,为了感谢 1927 年出生的天体物理学家尤金·帕克提出的超声速太阳风理论。帕克还成功预测了帕克螺旋形的太阳磁场,对太阳、太阳风和太阳能量的各个理论都做出了巨大的贡献。

由于太阳引力的势能非常强,高速接近太阳其实非常危险,为了完成"史上最靠近太阳的人造物体"这个成就,工程师们使用"德尔塔 IV"重型火箭来达到足够的减速。"帕克号"探测器要进行 7 次金星飞掠,用"引力弹弓"的方式降低自己的速度和轨道,每当它最靠近太阳的时候,"帕克号"就会立刻成为有史以来速度最快的太空设备,速度可达到 200 千米 / 秒,也就是一秒钟就能从杭州飞到上海。"帕克号"离太阳表面最近的距离将减小到 620 万千米,只有不到太阳半径的十分之一,甚至是已经进入了太阳的日冕层,但日冕层相对稀薄,"帕克号"虽然不会被烤焦,但仍然要面对 1400℃的考验。

"帕克号"需要揭开更多的太阳未解之谜,如探索太阳风源头磁场的结构和动力学,跟踪加热日冕和加速太阳风的能量源,探索太阳风高能粒子加速和太阳"起风"的方式,探索太阳附近的等离子体的灰尘现象及其对太阳风和高能粒子形成的影响。

图 4.15　太阳探测器被安装在有效载荷整流罩中　来源：NASA/KSC

"东方红一号"还飘在太空？

1970 年 4 月 24 号，我国自主研制的第一颗人造地球卫星"东方红一号"发射成功，为了纪念中国航天事业的起步，弘扬航天精神，2016 年 3 月 8 日，经国务院批复，同意将每年的 4 月 24 日设立为"中国航天日"。

"东方红一号"卫星设计的工作寿命只有 20 天，最终工作了 28 天，在 1970 年 5 月 14 日失联。但很多人没有想到，"东方红一号"直到现在也没有坠入大气层，因为卫星的轨道越高，阻力就越小，轨道衰减的速度也就慢得多。理论上，一颗卫星的轨道如果足够高，甚至可以几千年都不掉下来。

而早期设计的卫星的轨道高度都很高，"东方红一号"当时是一个近地点高度 441 千米、远地点高度 2368 千米的大椭圆形轨道。在这个轨道中，"东方红一号"都是在 440 千米以上的高度飞行，几乎不会受到大气影响而降低轨道，如果不发生撞击和其他的意外，飞上千年肯定是没有问题的。果然，后来有人发现"东方红一号"飞了 50 年后，轨道高度仍然在 430 千米以上，根据这个数据来推算，"东方红一号"还能再飞至少 1500 年。

当然，"东方红一号"也摆脱不了地球的引力，毕竟它没有动力，也没有加速度产生。

"海丝一号"为什么这么厉害？

卫星获取地球影像主要有两种方式，一种是用光学成像，跟手机拍照的原理差不多；另一种是用合成孔径雷达（SAR）回波成像，就像蝙蝠一样，发信号出去，自己再收回来。SAR（Synthetic Aperture Radar）卫星生成遥感数据的过程并不受天气的影响，可以穿云破雾透雨，无论白天还是晚上都可以正常工作，这恰恰是其他光学成像的卫星做不到的，可以说 SAR 是受其他条件和因素限制最少的遥感卫星。

2020 年 12 月 22 日，由天仪研究院总体研制的中国首颗商业 SAR 卫星"海丝一号"发射成功，这颗卫星仅重 185 千克，但在很多指标上达到了吨级卫星的标准，受到了广泛关注。2020 年 12 月 25 日，"海丝一号"卫星成功获得首批在轨图像，这是中国首个商业 SAR 卫星的高质量成像，填补了我国商业 SAR 卫星的空白，实现了商业 SAR 卫星数据的国产化。

在我国，SAR 卫星的资源一直都非常稀缺，长期以来只能向加拿大、欧洲购买昂贵的 SAR 影像，"海丝一号"的出现极大地带动了中国的商业卫星在这个领域的快速发展。更没有想到的是，这颗卫星在一年之内就在国际和国内众多应用场景中表现优异，做出众多贡献，也获奖无数。

2021 年 1 月 15 日，印度尼西亚苏拉威西岛发生地震，"海丝一号"迅速完成了对该区域的应急成像，并将图像数据提交给联合国有关机构，以供印度尼西亚震后救灾使用。

2021 年 3 月 23 日，苏伊士运河发生"堵船事件"，"海丝一号"第一时间跟进中国台湾"长赐号"搁浅救援的进展，所拍摄的卫星影像也成为该国际事件中媒体热门图片里唯一的中国作品。

2021 年 4 月 4 日，印度尼西亚东努沙登加拉省发生山洪和泥石流灾害，造成重大人员伤亡，"海丝一号"再次积极响应中国 GEO（国际地球观测组织）灾害数据援助工作机制，第一时间将灾后数据交给国家综合地球观测数据共享平台。

2021 年 10 月 7 号，山西遭遇极端性强降雨后，"海丝一号"对山西祁县和清徐县等区域进行了拍摄，并在 6 小时内完成了全部应急服务的响应流程，获取了灾后第一批卫星影像，为国家有关部门提供了山西受灾地区的 SAR 卫星影像。

SAR 卫星在测绘、军事、灾害、地质、农业、林业等领域都有很高的实际应用价值。但很多人也会有疑问，我们国家有那么多卫星和无人机，为什么很多关键时候总是 SAR 才能起作用呢？其实，我国以前的遥感卫星主要是光学卫星，在台风、海啸、暴雨和泥石流发生期间，光线条件本来就差，云层很多又很厚，那些高分辨率的光学卫星几乎无用武之地。地震后的地热空气上升，与扬尘汇合后，大概率会形成降雨和大雾，视线非常差，这也是 SAR 大显身手的时候。而且，SAR 的工作状态是全天候的，不受夜间光线的影响，这也让"海丝一号"经常能够捕捉到一些突发的事件。

图 4.16 "海丝一号" SAR 卫星　来源：天仪研究院

　　无怪乎，"海丝一号"这颗小个头的年轻卫星，用短短几个月的时间，就入选了"2020 年度中国遥感领域十大事件"，上榜了"2021 年度世界十大明星雷达装备"，斩获了"第九届世界雷达博览会创新产品挑战赛金奖"。

CHAPTER 05

走进大航天时代

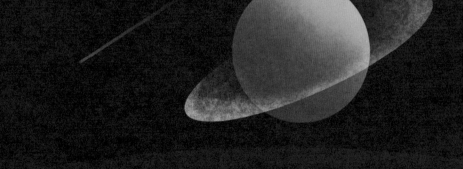

人类在 500 多年前，开始了大航海时代，

让地球的文明达到了一个全新的广度；

500 多年过去了，人类如今已进入了大航天时代，

让地球的文明来到了一个全新的高度。

事实上，地球正在步入"天联网"时代，

天地一体化的格局已初具雏形，

无论天上、地上还是海洋里，

航天已无处不在。

享受太空旅程

1961 年 4 月 12 日，尤里·加加林成为第一个进入太空的人；1965 年 3 月 18 日，阿列克谢·阿尔希波维奇·列昂诺夫完成了人类的首次太空行走。如今，人类已迈入了大航天时代，像贝索斯、马斯克这样的世界首富，早已加入太空的世界中，很多顶级富豪早已不满足于地球上的竞争，接下来就一起来看看这些传奇的人、传奇的故事吧！

人类首次在太空行走有多危险？

你可能想象不到，人类的首次太空行走任务，只有 12 分 9 秒，但几乎是一场灾难，发生了太多离奇的故事。与地球的第一颗卫星、第一次载人航天、第一位进入太空的女航天员一样，人类第一次在太空出舱，也是由"勇猛"的苏联航天人完成的。

这是在 1965 年 3 月 18 日，距今已经有 50 多年的时间。当时苏联方面得到的情报是，美国人打算在 1965 年 3 月 23 日这一天，在"双子星座"载人飞船上进行人类的首次太空行走。为了再夺第一，苏联匆忙发布了一个极其危险的任务：抢在美国人之前，完成太空行走。

火箭发射的过程还算顺利，上天后的列昂诺夫打开了"上升 2 号"飞船的舱门，第一次进入太空环境，他位于离地面 500 千米的轨道上，实际运行速度超过了 7 千米 / 秒，但他感觉不到自己在高速运动。他的身体仅仅通过一根约 5 米长的绳子与飞船连在一起，由于他身上的航天服从来没有在这种太空环境下检验过，开始膨胀变形，手脱离手套、脚脱离鞋套，衣物纤维变得十分坚硬，让列昂诺夫根本无法操作舱门。但更可怕的还在后面，飞船已接近地球的阴影区，马上就要陷入黑暗中的极寒，情况越来越糟，他必须马上回到舱内。

这位曾与"太空第一人"加加林一同受训的宇航员当然也不是吃素的，他迅速调节衣服的阀门，排掉了部分气体，让膨胀的太空服萎缩了回去，而突然出现的针扎般的手脚刺痛让他明白，此时他已经出现了一种叫"减压病"的某些症状。

膨胀的衣服让列昂诺夫很难再回到飞船，于是他用尽一切办法，又花了 8 分钟才拼命挤回座舱，在筋疲力尽之时，终于回到了指令长帕维尔·别列亚耶夫的身边，列昂诺夫的心跳甚至一度达到了每分钟 190 次。

后来，飞船绕地飞行了 17 圈后，又一个危险扑面而来，刚关上的气闸门突然发生爆炸，整个舱门被炸飞，飞船失控旋转，好在并没有影响到乘员舱，最终列昂诺夫两人花了几个小时来抢修，避免了舱内的火灾。

终于可以返回地球了，两人又发现自动导航系统失效了，于是只能手动操作点火，好不容易启动了返回程序，一根通信缆绳把本应该分离的返回舱和轨道舱连在了一起，飞船此时失去了控制，直直地砸向了地球大气层，眼看就要船毁人亡……奇迹又一次发生了，大气摩擦产生的高温居然烧断了那根"坏事"的电缆，返回舱及时摆脱了纠缠，并在关键时刻成功打开了减速伞，两人终于安全回到了地面。

是不是以为这个任务算是有惊无险地完成了呢？并不是，由于返程过程严重偏离了预定轨道，他们落在了离原计划地点约 3200 千米外的西伯利亚的密林之中，通信完全中断。就这样，即使回到了地球，危险也并没有结束。本可以用来御寒的降落伞被挂在了树上，返回舱的空调系统因故障不停地放冷气，他们不敢脱下航天服，偎依在返回舱外面，听着狼群的嚎叫度过了两个晚上才被发现。不过，直升机当时也飞不进来，两人居然是踩着滑雪板奔向了 9 千米外的停机坪。

当时已是 3 月下旬，马上要进入森林的春季。一旦被熊和狼等肉食动物袭击，几乎必死无疑。在挨过了两个饥寒交迫的夜晚后，两人已没什么自保能力。在此后的载人航天任务中，包括我国的航天员杨利伟等人在内，进入太空前一般都会装备手枪等武器，就是为了防止类似的意外情况出现。

试想一下，如果没有这一代宇航员的冒死出舱经验，此后的一系列载人任务，包括哈勃空间望远镜的维修、国际空间站的组装和设备更新，以及众多载人飞行任务和科学实验也就不可能顺利完成了。所以，请记住这个历史时刻吧！

后来，列昂诺夫致力于宇航员的训练工作，曾两次获得"苏联英雄"称号，还成了一位国际航天大使，见证了无数次国际航天合作。1975 年，他还指挥了"联盟 19 号"即"阿波罗－联盟号"任务，这是美苏之间的首次太空合作，为后来的国际空间站的合作打下了良好基础。2019 年 10 月 11 日，阿列克谢·阿尔希波维奇·列昂诺夫于莫斯科逝世，享年 85 岁，这位酷爱油画的老人也成为一个永远的传奇。

中国的太空行走因何震惊世界？

•••••🪐•••••

2021 年 6 月出发的神舟十二号任务，航天员聂海胜、刘伯明、汤洪波在"天和"核心舱生活了 3 个月的时间，3 人共完成了两次出舱行动，这也成为"神十二"任务的最大看点之一。

2008 年，翟志刚完成了中国人的首次太空行走任务。很多人还记得，13 年前的那次任务不到 15 分钟，却惊心动魄，而神舟十二号的这两次出舱分别达到了 7 个小时和 6 个小时，尤其是第二次出舱，甚至提前一个小时就完成了既定的任务。

那为什么神舟十二号的出舱任务进步了这么多呢？首先航天员们有了新一代飞天舱外航天服和先进的机械臂的协助，其次航天员在各项能力上有了很大的提升，最后给他们配备的生命保障系统，也让单次出舱任务的时间上限提高到了 8 个小时以上。

所谓的"太空行走"只是个形象的说法。事实上，2021 年的首次出舱任务，汤洪波在失重的环境中，主要依靠双臂的力量爬行了约 8 米，而刘伯明的双脚则是被锁定在机械臂上，然后转移到任务点的。

这种飞天舱外航天服有 2 米高，重量超过 130 千克，中国的航天员们平时就是穿着重达 200 千克以上的模拟失重的水槽训练服，在水下一练就是好几个小时。正因为有之前这么辛苦的练习过程，才有了任务上的得心应手，并且，男女航天员的训练强度是一样的，所以我国也会有女航天员出舱去做任务。

当然，航天员可不是去舱外看风景的，他们不仅首次检验了我国新一代舱外航天服的性能，还进行了高效的配合，通过机械臂的协助，完成了舱外工具的准备、设备组装与维修。他们把全景相机进行了拆装并抬高，获得了更好的视角，成功完成了应急返回的实训，在机械臂上安装了脚限位器和舱外工作台，并开展了舱外有关设备的安装等作业，实现了我国载人航天史上的一次质的飞跃！

"神十二"航天员如何度过 3 个月？

谁也没想到，在"天和"核心舱里面吃个苹果会被上亿人围观，首次进入太空的汤洪波就这样成了"超级网红"。殊不知，在神舟十二号任务的三人组中，这位在乘组里最年轻的"小汤"也 46 岁了，他已经学习和训练了长达 11 年。已经 57 岁的指令长聂海胜是第三次进入超低温、强辐射的太空环境，他这次同样完成了自己的首次舱外任务。而中国的太空行走第一人——翟志刚当年的搭档刘伯明这次站上了那台令人称奇的机械臂，不仅出色地完成了高难度的任务，还用自己特有的语言风格介绍了舱外的风景，给全国的观众们当起了"太空导游"。

在"天和"核心舱生活的 90 天里，航天员的生活保障系统非常完善，丰富的伙食和配套设施令地球人都羡慕不已。比如，120 道美食、600M 的 Wi-Fi、宽敞的大厅、可以躺平睡觉的独立卧室，里面读书灯、睡袋、眼罩和耳罩一应俱全。太空厨房不仅能用来热菜，还能做西餐，而且还有能用喷枪洗澡的"包裹式淋浴间"，当然，也有解决个人问题的太空马桶。

本次验证的再生式在轨环控生保系统，也是全面验证航天员长期驻留包括健康管理的各项保障技术，力求在太空创造出适合人类生活和居住的环境，并不断加以完善。"神十二"任务中，航天员在空间站生存所需的氧气和水的供给，基本可以通过物化再生技术和从地面少量携带或补给来解决。收集航天员呼出的水汽和排出的尿液，然后处理为可饮用的纯净水。另外，舱内的二氧化碳和电解水产生氢气反应后，可以获得大量的氧气，这就是第二代环控生保系统，而到了第三代系统，就可以实现全面的闭环生态了。

当然，除了吃住行，身体健康和心理状态是航天员最需要保障的。"神十二"与"神七"的首次太空出舱活动相比，任务难度有了大幅的提高，航天员除了身体要强健，心理素质也必须强大。除了有太空跑台、自行车给他们锻炼身体，还有隐藏的"太空医院"。例如，在他们出发时，大家都注意到他们的大腿外侧穿戴了一个生理信号测试盒和心电记录等装置，可以全程监测心电、呼吸、体温等信号，航天员肌肉疲劳时甚至会自动按摩。

如果航天员的心理真的出现了状况，相关指标会马上发送到地面，由专家进行适时干预。当然，我们的航天员经过了长期严谨的训练，本次的任务还允许他们带上一些私人物品，空间站内甚至提供与家人进行天地通话的服务，航天员们平时还可以通过聊天、看剧、泡茶、种植、打乒乓球等多种方式来缓解压力。

任务确实很难，但我们的航天员们都很强！

布兰森为何要和贝索斯抢飞？

1950 年出生的理查德·布兰森是英国最具传奇色彩的亿万富翁，也是英国最大私企维珍集团的创始人，旗下有超过 200 家公司，涉足航空、文化、交通、金融等 400 多个领域。几十年来，这位"老顽童"可没少"折腾"，几乎在每个领域都有建树。

他是个营销天才，也是冒险狂人，曾开坦克闯入纽约时代广场，坐热气球飞越大西洋和太平洋。到了 50 多岁，突然琢磨着要上太空。他 2004 年成立的维珍银河公司专注于太空旅游业务，并发布了全球第一艘商业太空旅游飞船的设计方案。

这个客舱可同时容纳 6 名乘客，座椅和太空服都由安德玛设计，座位可平躺，舱内禁止携带手机，但 16 台相机会全角度抓拍乘客漂浮起来的镜头，还有 2 台摄像机会跟踪拍摄视频。

最开始的船票定价是 25 万美元，有 600 多人预约了这项服务，其中包括莱昂纳多·迪卡普里奥、汤姆·汉克斯、布拉德·皮特、安吉丽娜·朱莉、贾斯汀·比伯、阿什顿·库彻等大牌明星，有"女版巴菲特"之称的凯瑟琳·伍德也非常看好维珍银河的发展前景。

2021 年 7 月 11 日，71 岁的布兰森与 5 名同事一起乘坐自家的"太空船二号"太空飞机开展了一次亚轨道飞行，飞行高度超过了 86 千米，飞行器完全着陆。

布兰森参与这次任务是临时决定的，原计划是他还需要等待一次测试飞行。很多人不理解一个七旬老人都过了退休年龄为什么还这么拼？因为布兰森有着绝不服输的性格，现代社会的竞争太残酷了，数字媒体时代的人"只认第一，不认第二"。在布兰森决定首飞的前一个月，当时的世界首富杰夫·贝索斯已经宣布在 2021 年 7 月 20 日，也就是美国阿波罗计划成功登月的纪念日当天，要和自己的亲弟弟马克·贝索斯一起参加蓝色起源火箭载人飞船的首飞，首张付费乘客的船票甚至被拍卖到了 2800 万美元，一时引起了广泛关注。在这样的情况下，布兰森只能破釜沉舟，不容有失，否则太空旅游的广阔市场只能拱手相让，这一仗他是真的输不起。

那么维珍银河和蓝色起源两家公司有什么区别呢？本质上来讲，它们都是把旅客送到地球大气层与太空临界的卡门线附近，进行几分钟的微重力环境体验，观看蓝色地球，体验失重漂浮。

但升空方式却截然不同，布兰森的太空飞机起飞和降落过程更平缓，更像是一次航空飞机的超高空体验，对身体的要求并不高，但飞行高度不到 90 千米，没有越过 100 千米卡门线，乘客的失重感不会太强烈。而蓝色起源是传统的火箭垂直发射，进入太空分离乘员舱后，火箭自动回收，乘员舱在失重环境下漂浮于超过 100 千米的亚轨道空间，乘客通过舱内的大窗户观看太空景色。大约几分钟后，舱体会高速下坠并用降落伞回收，在陆地软着陆，这个过程的感受相对会更刺激，对身体和心理的要求也稍高一点。

整体来说，两家是一个水平量级的太空之旅。

从安全系数来看，贝索斯成功次数更多，一直都是零失败的乘员舱回收，仅有一次火箭回收失败。布兰森则在 2014 年有过一次惨痛的一死一伤的试飞事故，在这一点上输给了贝索斯。所以，当时看来，谁能抢先完成老板亲自代言的任务，谁就可能抢得市场先机，这之后才是安全性、价格和预订量的比拼。

当然，两家的飞行器都是 6 个乘客座位，布兰森的太空飞机需要两名飞行员，而蓝色起源只需要 3 个降落伞就可以让飞船进行软着陆。这样看起来蓝色起源的人员成本更低，但火箭的起降方式决定了燃料的成本会更高一点，算是各有千秋。

首飞当天，马斯克和美国新墨西哥州州长，以及 60 名预定了维珍太空旅行的客户受邀在地面观摩了布兰森的首次太空任务。马斯克宣布自己已经预订了维珍的船票，而新墨西哥州更是花了 2.2 亿美元，用于打造"美国太空港"，让维珍的飞机能都从这里起降。

果然，一个月后，维珍银河重启了太空船票的预订，订单大增，十分火爆，票价也几乎翻倍，到了 45 万美元一个座位。

贝索斯首飞的匿名乘客背后有秘密？

• • • • ✦ • • • •

很多人都在说，既然布兰森能提前抢飞，当时贝索斯兄弟难道不可以吗？蓝色起源的火箭发射和飞船回收的成功率不是高达100%吗？怕什么呢？是的，"新谢泼德号"火箭除了一次箭体回收失败，其余的任务测试表现都近乎完美。

的确，蓝色起源抢在维珍银河的前面完成"老板上天"任务，从技术上来说，也没有什么难度。

但别忘了7月20日这个日子的特殊性，这不仅是美国阿波罗计划首次登月的纪念日，也是5岁的贝索斯从电视直播中亲眼看见阿姆斯特朗踩上月球"一小步"的纪念日。从1969年7月20日这一天起，贝索斯就在心里埋下了一颗航天的"种子"。

2021年，早已成为世界首富的他，毅然在自己的人生巅峰辞去了亚马逊的所有职务，全身心地来圆自己的太空梦想。虽然被布兰森抢了先，但贝索斯还算淡定，除了吐槽一下维珍银河的飞船飞得不够高外，还是做了很多工作来挖掘自家的亮点。

比如，蓝色起源的太空舱有着史上最大的"全景天窗"（1.1米x0.7米）。除了自带"网红"属性的"光头兄弟"外，本次飞行还拥有82岁高龄的传奇女飞行员沃利·芬克和18岁的少年奥利弗·戴汀。当年，沃利·芬克与水星计划的其他男宇航员经历了相同的残酷训练，却遗憾未能进入太空，但最终她取代了约翰·赫歇尔·格伦成为史上年龄最大的进入太空的人。只不过当年77岁的格伦是乘坐"发现号"航天飞机去了400千米轨道的国际空间站，而沃利·芬克这次的飞行高度仅106千米，差距还是不小的。但不论是维珍银河的86千米还是蓝色起源的106千米，甚至是国际空间站的400千米的高度，大家"上天"后所看到的地球都不会是一个完整的圆球。事实上，得飞到 3400 千米以外，才能看到整颗蓝色地球，不前往月球和火星的人，是根本看不到的。

18 岁的荷兰小伙戴门取代了苏联宇航员格尔曼·季托夫成为进入太空的年龄最小的人。戴门这事有点戏剧性，当时参与拍卖的戴门的父亲竞价失败，输给了一位神秘人，此人花了 2800 万美元抢下了首张也是唯一一张付费乘客的船票。有意思的是，这位匿名人士居然临阵爽约了，这里满满都是疑点！正常情况下，蓝色起源的一个座位也就 20 万~30 万美元，这个人花了 100 倍的价格，居然在最后时刻把首飞的机会拱手让出，白白浪费了 1 亿多人民币，不得不让人怀疑他的身份，何况这个人的信息在网上一点都查不到，也确实不太合常理。

有人认为，这个人很可能就是个"托儿"，或者是一位帮忙给世界首富捧场的朋友，他没打算真的冒险参与首飞。不过，因为布兰森的突然"抢戏"，让蓝色起源下决心把"最年轻""最年长""最有钱"这个组合"一网打尽"。

还有一个小秘密：八旬老太沃利·芬克其实是贝索斯从布兰森手里"抢"来的，因为这位老奶奶在 2010 年就已经购买了维珍银河的太空船票，如果之后她在维珍银河再飞一次，年龄最大的乘客纪录仍会回到布兰森的手里。好在贝索斯早有准备，已经提前安排了一位 90 岁高龄的老演员来参加蓝色起源的第二次商业飞行。

北京时间 2021 年 10 月 13 日，蓝色起源公司的"新谢泼德号"火箭完成了第二次商业载人太空飞行。这是他们的亚轨道飞行器的第 18 次太空任务，共运载 4 名乘客，其中包括在美国科幻电影《星际迷航》系列中扮演柯克船长的现年 90 岁的威廉·夏特纳、蓝色起源公司副总裁奥布里·鲍尔斯、NASA 前工程师克里斯·博修仁、企业家格伦·德弗里斯。亚轨道飞行器到达距地面约 107 千米的高点后，在降落伞的缓冲下顺利返回地面，整个飞行过程持续了 10 分 17 秒，蓝色起源公司的 CEO 贝索斯在现场亲自迎接 4 名乘客。

太空旅游到底要花多少钱？

太空旅游并不是一件新鲜事，2001 年 4 月 30 日，全球第一位真正意义上的太空游客，也就是自掏腰包的美国商人丹尼斯·蒂托花了 2000 万美元，让俄罗斯人帮忙，把自己送进了国际空间站并待了 8 天。而这次轨道飞行产生的高额费用，让这样的太空游被人称为"富人的俱乐部"，毕竟想要突破第一宇宙速度，代价还是比较昂贵的。

在此后的 20 年里，已有超过 10 名富豪通过类似的方式进入国际空间站中。近两年，越来越多的人准备前往国际空间站旅行、做研究甚至拍电影，但太空旅行的价格却一直没降，甚至是越来越高。

主要原因还是成本并没有大幅下降，每次同时被送入太空的人数是很有限的，根本无法摊薄成本。去空间站的方式并不多，除了俄罗斯的"联盟号"飞船外，马斯克的"龙飞船"正后来居上。当然，中国的"神舟"系列载人飞船也在建设天宫空间站的过程中，独自开辟了一片新的天地。

由于布兰森、贝索斯在 2021 年亲自代言，把商业太空旅游的热潮掀了起来，让更多人迫切地想体验漂浮宇宙，商机也就出现了。目前最热门的商业载人服务当数马斯克的"龙飞船"，针对普通游客的报价是 5500 万美元一个座位。当然这是轨道飞行，送人往返国际空间站，物有所值。然后是一次可乘坐 6 人的"新谢泼德号"火箭的太空舱，当时首个乘客座位被拍出了 2800 万美元的天价，但这个价位就有点不值了，因为蓝色起源之前的正常参考价也就 25 万美元左右。而维珍银河公司的预约人数早就超过了 600 人，其中不乏"顶流"明星，公布的预计票价是 20 万 ~ 50 万美元。2021 年 8 月，维珍银河重启了船票的开售，因预订火热，价格被抬到了 45 万美元，目前是 6 个座位，但有两个座位是留给飞行员的，乘客座位目前只有 4 个，之后的飞船有 6 个乘客座位。布兰森也曾表态要把价格降到 4 万美元，也就是不到 30 万人民币。

纽约到上海 39 分钟？

从 2020 年起，马斯克就一直对外宣称，SpaceX 公司正在打造一个海上太空港，计划 2021 年开始发射测试火箭。马斯克还特意在 2020 年年初花了 350 万美元收购了两座废弃的石油钻井平台，据说是用来作星舰飞船的发射与着陆基地。

2017 年，SpaceX 公司就公布过一段概念视频：一艘星舰飞船从纽约附近的一个海上平台发射，39 分钟之后，这艘飞船就降落在了上海附近的平台上。当时，这个计划刚刚亮相，就遭受了无数的嘲讽。几年后，SpaceX 在航天领域取得了一系列惊人的成就，质疑的声音虽然从未断过，但却越来越没有底气。

2021 年 8 月，SpaceX 完成了"星舰飞船 S20+ 超重助推器 B4"的上下组合，一个 120 米的巨型火箭出现在人们视野里，一举成为世界上最大的运载器，它的理论起飞推力超过 6000 吨，比传奇登月运载火箭"土星 5 号"超出了太多，还会持续加大。这种把飞船和助推器堆在一起，一次性配上 29 台海平面起飞型猛禽发动机的做法，也算是前无古人。用马斯克的话说，用火箭在地球上实现点对点运输，今后不是什么新鲜事。

都有谁购买了马斯克的服务?

•••••🪐•••••

2021 年 9 月 16 日,SpaceX 利用载人"龙飞船"和"猎鹰 9 号"火箭将四名太空游客送入地球轨道,开始了为期 3 天的太空之旅。这次任务的 4 名参与者全都不是专业的宇航员,因此被称为世界首个全平民参与的太空任务,也就是鼎鼎大名的"Inspiration4"(灵感 4 号)计划,这也被人称为地球上首次真正的太空旅行。

在以往的太空任务中,即使有平民参与,也会安排经验丰富的宇航员来担任指令长,而在这一次的旅程中,出钱赞助的老板站在了"C位",也就是年近 40 的富豪贾里德·艾萨克曼担任本次任务的指挥官。他是一家上市公司的 CEO,曾是一名优秀的飞行员。艾萨克曼通过一系列半公益活动选定了 3 个人和他一起飞行,并为一家名为圣裘德的儿童医院筹资,加上他本人捐赠的 1 亿美元,共募集了超过 2 亿美元。

"Inspiration4"代表了人类的一个新的航天时代,4 名参与者分别代表了领导力、希望、慷慨和繁荣 4 个含义。这次的旅行是艾萨克曼从马斯克那里购买的服务,为了让他们更好地欣赏地球和太空美景,SpaceX还特地把"龙飞船"的顶部改成了一个透明穹顶舱,如果写成广告语,大概就是:"全景天窗,宇宙尽收眼底!"3 天后,4 人平安回到地球,"Inspiration4"获得了圆满成功,任务的全程直播也得到了全球的广泛关注。

当然,这并不是马斯克接到的最大的太空旅行订单。2018 年,一张日本人前泽友作骑在马斯克脖子上的照片让人印象深刻,这位富豪将成为 SpaceX 公司首位乘坐太空飞船绕月旅行的私人乘客,2023 年,他将与他人一起,乘坐马斯克的飞船进入月球轨道。他在 2018 年 9 月和马斯克一起宣布在全球范围内招募 8 名队友与他一同进行这次太空旅行,所有费用由他承担，预计开销不低于 3 亿美元。不过，这个日本人根本等不及在 2023 年再进行"月球旅行"，他直接向俄罗斯购买了一张去国际空间站的"联盟号"飞船的"船票"，2021 年 12 月出发，在国际空间站待了 12 天。

还有美国休斯敦新创航天公司 Axiom Space 代理的"Ax-1"任务，于 2022 年 4 月执行，4 名乘客乘坐 SpaceX 的载人"龙飞船"，在国际空间站停留了 14 天，每张船票要价达 5500 万美元。4 人中有两人是花了大价钱的商人，一位是美国房地产投资大亨拉里·康纳，另一位是加拿大富豪马克·帕蒂。

同行的还有 Axiom Space 副总裁、前 NASA 宇航员迈克尔·洛佩兹·阿莱格里亚，搭档是以色列商人、前王牌战斗机飞行员埃坦·斯比。

2021 年 5 月，美国探索频道 Discovery 宣布制作一档全新的真人秀——《谁想成为宇航员》，节目中的参赛选手们将接受与宇航员同样严苛的训练，挑战各种极端测试，旨在考验他们能否成为真正的宇航员。最终，获胜者会被允许进入国际空间站，节目会记录每一个精彩瞬间。这个 8 集的系列竞赛十分残酷，最终只有 1 人能获得参与"Ax-2"任务的机会，完成"Ax-1"任务的"龙飞船"将继续服务"Ax-2"。

马斯克、贝索斯、布兰森谁会赢？

·····🪐·····

对于商业化的太空旅游而言，如果不能降低门槛，扩大规模，减少成本，这个行业很难发展起来。所以目前看来，谁能降低发射成本、增加载人数量、获得更多的预售客户，谁就能成为太空旅游大战的胜者。因此，2021 年的太空旅行业也成为全球关注的焦点。

布兰森和贝索斯先后亲自代言了自家的亚轨道飞行器，在太空边缘体验了几分钟的微重力漂浮。从媒体的宣传效果来看，算是赚足了眼球，也激发了更多向往太空的人去预约他们的服务。

当然，也不是所有人都说好，不少人认为，无论是布兰森还是贝索斯，这样的太空游炒的还是概念，先不说进入的是不是真正的太空，但就如此高的花费而言，时间也太短了点。从体验效果来看，舱内的空间过于狭窄，在没有满员的情况下，都已经有点转不开身子。

但如果非要站在二选一的角度，更多人则看好布兰森。因为两家的"船票"参考价都是 20 万 ~25 万美元，布兰森曾表态票价最终会降到 4 万美元左右，而贝索斯基本没说过降价的事，可能也没打算搞价格战。

因为贝索斯的成本本来就高，他用 20 年花了数十亿美元，也就只造出了"新谢泼德号"一款小火箭，整体效率确实有点低，加上火箭的起降和乘员舱的回收方式略显复杂。而维珍银河的核心技术是收购来的相对更成熟的"太空船一号"方案，节约了不少时间不说，飞行器的起降通过机场跑道就可以完成，所以维珍银河一天能够服务的客户数量显然要更多。加上维珍集团旗下本来就有维珍航空、维珍轨道等多家在航空航天领域的兄弟企业，就更有优势了。

说了这么久布兰森和贝索斯，马斯克被忽略了吗？当然不是，SpaceX其实在太空旅游上早有成绩，不是前面两位老板能够企及的。

比如，马斯克负责的帮助 NASA 接送宇航员的业务越做越大，甚至派过"二手火箭＋二手龙飞船"做了任务。此外还接了非常多的商业订单，如"Insprition4""Ax-1"和"Ax-2"等，当然，还有日本富豪前泽友作购买的绕月之旅。粗略算下来，马斯克卖出去的每个座位都在5000 万美元以上。

所以，马斯克自家的火箭、飞船瞄准的都是国际空间站、登陆月球甚至探索火星这样的超级任务，以至于亚轨道飞行这样的小儿科，他根本没有放在眼里，也就无须去跟贝索斯、布兰森抢那些"低客单价"的市场了。

在这场太空"三国杀"中，更年轻的马斯克显然更具实力。还有个挺有意思的事，就是在 2021 年 7 月 11 日，布兰森首飞时晒出了与马斯克的合影，马斯克也宣称购买了一张维珍的船票。显然，马斯克心里面还是装着贝索斯这位对手的，而贝索斯彻底退出亚马逊管理层，就是为了专心做航天，要跟马斯克一决高下，两位世界首富的太空竞争肯定会持续下去，精彩好戏还在后面。

高空气球也加入太空旅游？

· · · ⋯ 🪐 ● ⋯ · · ·

2021 年 7 月，世界首富贝索斯和英国富豪布兰森的太空旅游大战打响。其实在这之前，一家美国公司（Space Perspective）就推出了一项性价比不错的服务：花费大约 80 万元人民币，就可以坐他们的"海王星飞船"在 3 万米高空的平流层俯瞰地球，环视太空，全程 6 个小时，观光时间大约 2 个小时。

不过因为高度的问题，乘客不会有明显的失重感，但天上的风景应该还是不错的。这个太空舱是用氢气热气球的底端来连接的，高空漂浮结束后会落到海面上，最终由救援船打捞并返回，仔细想想这个环节，心里多少有点害怕。

这家公司 2021 年 5 月已经成功完成了首次无人试飞，6 月已开始接受预订，抢在了"布贝大战"之前，只不过，这家公司在 2024 年才正式对外服务，没有受到太多关注。舱内满员状态是 1 名专业飞行员和 8 名付费乘客，内部的装修很奢华，有独立座椅、小型酒吧、超大全景玻璃窗，还提供卫浴设备及 Wi-Fi。"土豪"和"网红"如果想到天上去"打个卡"，宽敞的空间，2 个小时的观光时间，这个价位还是非常值得的。

图 5.1 Space Perspective 太空气球概念图 来源：Space Perspective

人物故事趣闻

每当你仰望星空时，是否也曾想过自己有朝一日能手摘星辰？从钱学森这样的传奇科学家"开天辟地"，到前世界首富比尔·盖茨投资卫星星座，再到中国企业家马化腾助力天眼 FAST，即使是贫穷的非洲国家的普通教师也有着远大的航天梦……

钱学森到底有多牛？

"中国航天之父"钱学森是世界著名科学家、空气动力学家，1935年9月进入美国麻省理工学院航空系学习，1947年成为麻省理工最年轻的终身教授，是世界闻名的大科学家西奥多·冯·卡门最重视的学生。后来由导师冯·卡门提出命题，钱学森负责找到答案，师徒共同解决了航空动力学的基础问题，发表了著名的"卡门－钱学森公式"，这是所有航空飞行器的指导理论，在很长的一段时间内被世界各国广泛应用于超声速飞机的设计与制造。

冯·卡门曾回忆道："人们都这样说，似乎是我发现了钱学森，其实，是钱学森发现了我"。1936年，钱学森和加州理工学院的几位研究生合建了一个火箭实验团队，于1938年在火箭引擎上获得成功，一分多钟的飞行轰动全美。而在1939年，由于火箭发生爆炸，差点毁掉校园，这6个人被戏称为"自杀小组"，然而，学校不但没有开除这个小组的学生，反而找了片僻静的河谷让他们继续研究，后来这里成了鼎鼎大名的 NASA 喷气推进实验室，也就是传说中的"JPL"（Jet Propulsion Laboratory）。

要知道，此后美国很多顶尖的科研项目都是从这里起步的，包括在2021年表现远超预期，惊艳世界的"机智号"火星无人直升机。

1944年，喷气推进实验室正式成立，冯·卡门任主任，中国国籍的钱学森居然成为火箭研究理论组组长，这在当时简直是天方夜谭。但这也从侧面证实了钱学森在美国的火箭研制工作中做出的重大贡献。

1989年，钱学森被授予"世界级科学与工程名人"称号，1999年他又被选为"影响20世纪科技发展的20位世界级科技巨人"之一，其中第一位是爱因斯坦，还包括玻尔、居里夫人、冯·卡门等，钱学森排在第18位，是20位巨人中的唯一一位亚洲人。

比尔·盖茨也有过航天梦？

2021年年初，马斯克一举成为世界首富，SpaceX也完成了新一轮融资，估值740亿美元；贝索斯则宣布卸任亚马逊的职务，而且迅速夺回了首富宝座，摆出了一副全力做航天的架势。而在全球商业航天的一个新浪潮就要来临之时，前世界首富、鼎鼎大名的微软创始人——比尔·盖茨却对着航天的"大火炉"浇上了一盆冷水。他认为，相比太空，地球人需要更关注气候变化问题，他甚至坚定地说出了一句话："我不会花1000美元去太空旅游，我宁可用这些钱来买麻疹疫苗。"舆论一片哗然。

可是，比尔·盖茨是真的对航天没有兴趣吗？当然不是，比尔·盖茨也曾在20世纪90年代末，也就是"铱星计划"的后时代重金投资过一家名叫"Teledesic"的卫星公司，前后赔了几十亿美元。即使是在铱星破产后的2000年，他仍向"Teledesic"追投了1亿美元，被人称为"疯狂的比尔"。

当年，比尔·盖茨肯定对"卫星互联网"是有期待的，可无奈遇上了 2000 年的"互联网泡沫"破裂，而微软同时也在注重研发 WindowsXP 系统，加上被美国政府起诉垄断案，最终"Teledesic"不得不宣布破产，这确实让他伤透了心。此后，在仰望星空和脚踏实地之间，他坚决地选择了后者。

可如今，新一代商业航天卷土重来，势头更加凶猛，像极了 2000 年互联网泡沫破灭后的那几年，全球互联网东山再起时的场景。而 SpaceX 的"星链计划"也比此前任何一个星座计划都要庞大许多，马斯克的卫星互联网业务的布局已经取得一定的成功，比尔·盖茨还显得如此保守。

这是他的错吗？当然不是，显然是比尔·盖茨当年的想法太过于超前了，而现在商业航天正是时候，他却已经老了。

马化腾是个天文迷？

随着布兰森、贝索斯等国外顶级富豪相继飞向太空，一时间，网民的"口水"都涌向了以腾讯、阿里巴巴为代表的国内互联网科技巨头。

其实，中国的商业航天起步比较晚，也就几年的时间，非国家队对于太空的探索还没有多少拿得出手的案例，不过已经有非常多的科技企业在助力航天事业，他们并非没有想法和贡献。

比如，腾讯在 2021 年的"上海世界人工智能大会"上就官宣与国家天文台启动"探星计划"，马化腾表态，将用视觉 AI 技术帮助天眼进行搜索脉冲星的工作。我国的天眼 FAST 全称是"500 米口径球面射电望远镜"，是目前世界最大的射电天文望远镜，也是我国有史以来最大的天文工程。

天眼一天能产生 500TB 的数据，有了腾讯的技术，数据处理效率能提升 120 倍。"探星计划"研究的主要是中子星，这是目前知道的最恐怖的天体之一，它与黑洞一起被称为宇宙中的"黑白双煞"。地球上的实验室根本无法还原它的极端物理性质，对它的研究越多，可能会得到越多重大物理学问题的答案，说不定某一个诺贝尔奖就会来自于此。

有人可能会说，这些都是有钱人的把戏，为了"蹭热点"而已。这么说就有点冤枉马化腾了，他从小就爱好天文，酷爱科学读物，10 岁时还自己动手制作过望远镜，拍下过哈雷彗星。如今在马化腾的微博里还能找到很多他儿时的太空梦想，包括他参与过的一些天文话题的讨论。

非洲人也有火星梦？

"登陆月球根本不算什么，我的目标是火星。"这话听起来很耳熟，好像是马斯克曾经说过的吧？你可能想不到，这句话居然是来自 50 多年前一名赞比亚人的口中。

赞比亚位于非洲中部，曾是世界最不发达的国家之一。这个名叫爱德华·穆库卡·恩科洛索的人于 1919 年出生在赞比亚北部的一个农民家庭，"二战"期间，作为殖民地英军北罗德西亚团的一名士兵被上级派往埃塞俄比亚和缅甸。在此期间，勤学好问的恩科洛索自学了拉丁文、物理、数学还有显微镜操作等知识，成了军队中最有文化的那一个。

"二战"结束后，赞比亚宣布独立，恩科洛索成为一名小学科学教师，兼任赞比亚国家科学、太空及哲学研究院的负责人，扬言要在太空探索领域打败美国和苏联。至于要去探索火星这件事，他还不只是说说而已。1964 年，他把一个废弃农场改建成"赞比亚空间探索中心"后，就开始招募志愿者，并进行了各种"奇葩又雷人"的宇航员训练，如滚油桶、荡秋千、倒立行走等。比较有意思的是，他的火箭居然是方的，他打算用这个方火箭把一名宇航员和他自己的老婆，以及两只猫先后送到火星上。

恩科洛索曾多次向联合国和美、苏、英、法等国家写信筹款，都没有结果，NASA 虽然很鼓励他的想法，但也仅仅是赠送了他一套科普书，反倒是一名 10 岁的男孩曾给他捐助过 10 个印度卢比，约相当于 1 元人民币。由于长期缺乏经费，不少志愿者都离开了他，其中一位还是恩科洛索非常看好的，这件事对他的打击很大，令他从此一蹶不振。

然而，最后让项目终止的主要原因，居然是他的老婆怀孕了。此后，不得不放弃"火星梦"的恩科洛索在政府部门工作到 1972 年就退休了。1983 年 3 月 4 日，64 岁的恩科洛索因病去世，但他的故事却被人记录了下来，甚至有一些是用视频和图片的形式保存的，真实地还原了那段历史。

马斯克为何给一个"00 后"点赞？

"00 后"都已经能造火箭了吗？还别说，这事已经不稀奇了。2020 年，有个叫刘上的 19 岁学生在网上特别"火"，引起了全球的关注。当时他还是一名大一的学生，由于新冠肺炎疫情，在家待了半年，其间通过大量的实验和测试组装了一枚小火箭，还设计了一套控制系统，最终在试飞中完成了点火发射、自动飞行和开伞回收等多个环节，这个过程被他发到了网上，引起轰动。

刘上就读于南京航空航天大学航天学院航空航天工程专业，制作的火箭高 96 厘米，直径 9.5 厘米，重约 3.1 千克，用到了树脂、电木、尼龙、PC 塑料、碳纤维、不锈钢等材料，他在野地发射的视频引发了大量的关注和转发。刘上是马斯克的"铁粉"，初中就痴迷于研究猎鹰火箭的回收技术，就连马斯克本人看到这段视频后都发出了惊叹。

其实上初中时，刘上就已发射过自制的火箭，并用自制的无人机进行了航拍。2019 年 10 月 19 日，刘上发布了第一个视频"小型矢量喷管姿态自稳固体火箭"，后续他又用半年时间发布了 37 个视频，连续记录了自己一步步的艰难研制过程。

刘上平时对摄影、视频制作、航模、穿越机花飞甚至外骨骼都很着迷，这也得益于父母对他的大力支持。刘上阅读的书全是自己搜集来的专业书，房间内摆满了各类制作设备和工具，如此"走火入魔"的孩子怎么可能会没有收获呢？！

贝索斯为何要上太空？

2021 年 7 月 20 日，世界首富杰夫·贝索斯去了一趟太空，这让商业航天圈炸开了锅。贝索斯虽然在 2000 年就创办了蓝色起源，比马斯克的 SpaceX 还要早两年，但这 20 多年来，他一直致力于开发商业太空旅游服务，共进行过 17 次火箭试飞和 18 次太空舱着陆任务，从来都没有上过真人。

一向保守稳健的杰夫·贝索斯不仅让自己成了"新谢泼德号"火箭的首位乘客，还带上了自己的亲弟弟马克·贝索斯一起飞。

2021 年 5 月 20 日，蓝色起源公司只宣布了当年 7 月会开展载人首飞的计划，压根没有提到这位世界首富的老板会亲自参与。业界也曾一度嘲讽贝索斯的胆小保守，搞了这么多年，至今不敢为自己的太空旅游服务代言。

谁知仅过了两天，全球知名的太空旅游服务提供商维珍银河的亚轨

212

道太空飞机"太空船二号"成功完成了载人飞行后,理查德·布兰森宣布将亲自参加 2021 年的第三次飞行任务。之后,马斯克又宣布了 SpaceX 的海上太空港的首飞时间表。这下,在全球三大太空旅游公司的竞争中,贝索斯似乎又一次被抢光了风头。

所以,2021 年 6 月 7 日,贝索斯突然跳出来宣布要亲自参与首飞,这也成了他不得不做的一件事情。这位一直被人吐槽为"起了个大早,赶了个晚集"的贝索斯跟马斯克早已势不两立,虽然 2013 年两人的公司曾为了争夺一个火箭发射平台的使用权有过摩擦,但 2014 年时,两人还曾一起吃饭,共同探讨太空大计,当时的气氛还算融洽。到了 2015 年,蓝色起源迎来了最高光的时刻,其旗下的"新谢泼德号"成为世界上首个用垂直着陆方式回收的火箭。而这两大巨头也在这一年正式公开了矛盾,在明争暗斗的同时,社交账号上也是唇枪舌剑,只不过马斯克后来在航天领域上的成绩完全碾压了贝索斯。

贝索斯在财富上从来没有把马斯克放在眼里,连续几年的世界财富头把交椅坐得稳稳当当。可谁知 2021 年年初,马斯克凭借特斯拉股票的暴涨,居然摘掉了贝索斯首富的帽子,戴在了自己的头上,虽然很快贝索斯又重新领先,但年初的这一幕真是"伤害性不大,侮辱性极强"。很快,贝索斯就宣布,自己将离开亲手打造的亚马逊,全身心投入蓝色起源,参与到太空探索的工作中。

当然,杰夫·贝索斯不是一个心血来潮的人。马克·贝索斯曾对哥哥进行过细致的采访,杰夫·贝索斯透露自己喜欢把注意力和精力集中在一件事情上,拒绝在一项任务还没完成的时候,就被拉去做下一个任务,这一点与马斯克恰恰相反。弟弟马克曾说,哥哥很少会因为手机分神。

还有个有趣的故事,贝索斯曾有过在酒吧当酒保的幻想,他对自己调制鸡尾酒的手艺很自豪,同时他也承认,自己的速度非常慢,只不过为了调得更好，他宁愿慢一点。这样的性格，也造就了贝索斯的做事风格，现在大家应该明白，为什么蓝色起源在过去的 20 年里一直进展相对缓慢，而在 2021 年，贝索斯从巅峰的亚马逊离职来表达自己要把蓝色起源做好的决心。贝索斯作为《星际迷航》的"铁杆粉丝"，曾在某一集的《星际迷航》中出演过一个小角色，但因为当时带着特效面具而没人认出。

其实，对杰夫·贝索斯影响最大的人，是他的外祖父吉斯，曾效力于美国原子能委员会，他让杰夫·贝索斯从小就埋下了一颗航天的种子，5 岁就幻想自己有朝一日能到太空去。因为在 1969 年 7 月 20 日这一天，美国完成了登陆月球的壮举，小贝索斯当时在外祖父的农场见证了这一时刻。所以在 52 年后，杰夫·贝索斯同样选择了在 7 月 20 日这一天坐着自家的火箭进入太空，致敬"阿波罗计划"。

贝索斯在高中毕业致辞的最后引用了《星际迷航》的一句台词："太空，是最后的边际，我们在那里见。当然，所有伟大的梦想，总会有一个开始……"这应该就是他内心最真实的写照吧！

为什么把月球土壤放在湖南？

• • • • 🪐 • • • •

2020 年 11 月 24 日 4 时 30 分 21 秒，"十年磨一剑"的"嫦娥五号"奔向了月球，这位 8.2 吨重的"嫦娥妹妹"在她 57 米高的哥哥"长征五号"的护送下安全进入轨道。

"嫦娥五号"探测器是我国迄今为止最复杂的探测器之一，她登陆月球后，取回了 1731 克月球土壤，23 天后返回地球，月壤样本舱着陆在内蒙古四子王旗地区。这是"探月工程"的第六次任务，也是中国航天迄今为止最复杂、难度最大的任务之一，中国继美苏之后成为全球第三个取回月球样本的国家。

　　时间回到 1978 年，《中美联合公报》发表，美国承认中华人民共和国是中国唯一合法政府，也就是在这一年，美国给中国赠送了 1 克月球土壤作为国礼。月球土壤有多珍贵呢？当时探月工程领导小组的专家们一致认为，从月球取回样本后不能都放在北京，应该考虑异地灾备。

　　"嫦娥四号"生物科普试验载荷总设计师、教育部深空探测联合研究中心副主任谢更新教授等人提出，可以分出一部分月球土壤保存在韶山，具有重大的纪念意义：月壤存放在韶山将呈现出"日月同辉"的盛景，因为毛泽东故居象征着太阳，月壤纪念馆代表着明月，这个提议还得到了当时的湖南省委书记周强的大力支持。用探月工程总设计师吴伟仁的话说："因为毛主席说要上九天揽月，而现在我们实现了九天揽月，可以告慰毛主席了。"

谁是第一个在太空尿裤子的宇航员？

　　宇航员到了太空后，突然想方便了该怎么解决？其实就跟婴儿一样，得穿上纸尿裤。你可能不知道，纸尿裤居然与一段航天历史有关，下面我们就来说说第一个在太空尿裤子的宇航员。

　　1961 年 5 月 5 日，美国第一艘载人火箭"水星－红石 3 号"即将发射，宇航员艾伦·谢泼德心潮澎湃。他是"二战"时的战斗机飞行员，NASA 在空军招募宇航员时，他符合所有条件，于是成为"水星计划"7 人成员之一，还被选为领队。

　　本来艾伦·谢泼德有机会成为第一个到达外太空的人，但天公不作美，"小乔""红石""宇宙神"这三大载人火箭当时频发故障，导致美国的首次载人任务一拖再拖。而苏联宇航员尤里·加加林抢先完成了太空任务并成功返航，消息传回来的时候，气得谢泼德砸了桌子。

所以，当时错过了成为"人类太空第一人"的艾伦·谢泼德，在他执行"上天"任务的当天显得格外紧张和兴奋，结果突然就想方便了。

那时他已经到达离地面大约 187 千米的太空，准备完成人类的第一次亚轨道跳跃。在当时，宇航服和载人舱并没有考虑如何解决宇航员的大小便问题，在地面时也没有进行过太空方便的训练，他只好求助地面指挥中心，最终专家们经过激烈讨论，同意他原地解决。因此谢泼德成为第一个在外太空尿裤子的宇航员。

"尿裤子"事件后，NASA 很长时间也没过多关注这件事情，一直到人类去太空执行任务的次数越来越多，时间越来越长，宇航服已被弄得臭不可闻了，NASA 才花了 5 万美元做出了第一个太空马桶。虽然马桶解决了宇航员舱内的排泄问题，但宇航员出舱做任务时，方便还是一件令人头疼的事。

于是 NASA 开始给宇航员们配备尿袋，但是很容易漏，尿水乱飞可能会引起飞船仪表失灵。为了彻底解决太空方便的问题，华裔宇航服设计师唐鑫源做出了第一套"最大吸收力的服装"，用今天我们司空见惯的裆部纸尿裤形式，一举解决了人类在太空方便的难题，让宇航员获得了真正的"大小便自由"。

这种纸尿裤的核心科技主要是吸水层的吸水材料，这是一种叫丙烯酸钠的高聚物，撕开纸尿裤，那一个个的小珠子就是它。高聚物接触到水时，钠离子会在高聚物网络和水之间平均分配，以维持离子浓度平衡和渗透压。当一些钠离子移动到水中时，它们原本的位置会被水分子替代，这样就形成了一种聚合物网络、水分子、钠离子共存的状态，使这种材料可以吸收自身 300 倍质量的蒸馏水，这样，一块尿布就可以使用 8 个小时以上。后来，当 47 岁的谢泼德再次被选为"阿波罗 14 号"的任务人员时，终于穿上了最新研制的太空纸尿裤。

故事到这儿还没结束，因为解决了排泄问题，所以当"阿波罗 11 号"登月的时候，宇航员们就开始肆意且奔放地解决个人问题，甚至还把很多装有排泄物的纸尿裤留在了月球上，可能是想着下次再来收拾，但谁知道人类突然对探索月球失去兴趣了，几十年都没有人再上去过。

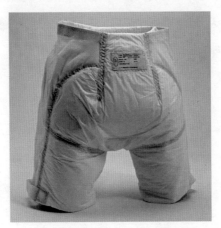

图 5.2　唐鑫源设计的"太空纸尿裤"　来源：NASA

一位 NASA 的科学家说，如果人类能再次登月，更应该找回的是遗留在那的排泄物样本，因为这更有助于专家了解一些简单生命体在宇宙环境中的传播方式，为人们在外星生存及生活打下坚实的基础。2017 年，特朗普宣布重启载人登月计划。其中一个重要任务，就是要找回遗留在月球上的 96 袋纸尿裤。

美好的航天
生活

你敢信吗？天上的条件越来越好，航天生活已如此美妙，可以在空间站里躺平，吃着冰激凌，喝着咖啡，还不忘来份热干面。对了，还有人上天拍电影了。

可以在飞机上联网了？

2021 年 7 月，马斯克宣布，"星链计划"服务的激活用户达到了 7 万人，这个消息让全球的"马粉"欣喜若狂。现在看来，当时的"星链计划"确实已实现了目标的一小步，虽然此前已发射的卫星数量还不到星链总计划 42000 颗的 5%，但马斯克表示，在 2021 年，星链的所有 72 个轨道平面都会启动，实现全球覆盖，再过 6 个月，连极地地区也不会放过。同时，SpaceX 也在申请获得波音 737 和空客 A320 的认证，要知道这两个飞机机型不仅是全球最普及的，而且是中国目前最多的飞机，几乎每一家航空公司都有这款飞机。

2020 年，星链的测试网速就已经比 4G 快了不少了，可以在飞机上高速上网的旅程很让人期待。当然，在飞机上联网这事并不用只等着马斯克的服务。事实上，另一家相对低调的美国科技企业霍尼韦尔国际公司，他们的高速 Wi-Fi 卫星通信系统在 2021 年 8 月就已经获得中国民航局补充型号认可（VSTC），能够在全球实现 Ka 波段机上的接入。

Ka 波段有一个明显的优势在于星间的信号衔接，当飞机从一颗卫星的覆盖区域飞向另一颗卫星的覆盖区域时，可以无缝切换不断网，这样能大大增强使用体验，上网速度能达到 180M/s，虽然还不如星链快，但空中通话、视频会议都不在话下。中国的空客 A320 机型都适用该方案，其他机型也在逐步覆盖，霍尼韦尔的通信系统终端可连接上中国卫通的中星 16 等卫星。

一起去看最浪漫的流星雨

每年一度的英仙座流星雨可以说是全年最美的一场流星雨，它被称为北半球三大流星雨之一。每年的峰值是在农历七月初，每次高峰的时长约 12 个小时，因为时间紧挨七夕，所以被人称为"最浪漫的流星雨"。

图 5.3　2021 年在西弗吉尼亚州拍摄到的英仙座流星雨　来源：NASA/Bill Ingalls

流星雨一般都是来自彗星路过地球时掉落的碎片，而英仙座流星雨是源于一个名叫"斯威夫特·塔特尔"的彗星。

英仙座流星雨每年会比较准时地出现，时间跨度非常长，前后一个月都能观测到，最关键的是，它会伴随非常好看且壮观的火流星。英仙座流星雨也被称为流星雨中的"流量明星"，因为在高峰期的时候，每小时可看到超过一百颗流星。

每年的英仙座流星雨最佳观测位置会有一些不同，有时候在亚洲，有时候在欧洲或北美，但相同的是，都在北半球天气条件不错的地方。

每年的这个时候，北半球入秋，天气越来越凉爽，非常适合在户外观赏英仙座流星雨。

真有太空冰激凌？

空间站的航天员能吃到冰激凌吗？答案是能。太空冰激凌可以说是历史悠久，如冻干冰激凌，有草莓、香草、巧克力等口味，它们并不像传统冰激凌那样有冰爽的感觉，而是干得像一支粉笔，放入口中融化后，才会有冰激凌的味道。

曾有一个说法提到，这种冻干的冰激凌与"阿波罗 7 号"计划有关，但其实可能只是个噱头，当时参与"阿波罗 7 号"任务的宇航员明确表示："我们从没在太空见过这种东西。"

那真正的"太空冰激凌"是怎样的呢？其实，它们就是普通的冰激凌而已！ 2006 年，"亚特兰蒂斯号"航天飞机为了将国际空间站的样本运回地球，配备了冰箱，有人就想到了，上天时冰箱里空着会不会有点太浪费呢？于是冰激凌第一次进入了外太空。

2012 年，当 SpaceX 首次完成私人太空补给任务时，再一次给宇航员带去了一小箱冰激凌。

2016 年，SpaceX 又一次执行太空补给任务，这次他们在冰箱里放置了小杯香草冰激凌、冰激凌糖果和冰激凌生日蛋糕，还有巧克力。2016 年，在"天宫二号"执行任务的景海鹏和陈冬的菜单里，也出现了太空冰激凌，这些看上去像白色泡沫、干干的、硬硬的东西，吃在嘴里的口感据说还不错。当然，神舟十二号、神舟十三号都不会错过这个美味的甜品，会一直提供给航天员们。

冰激凌在太空算是奢侈品，但并不是因为冰激凌本身，而是因为冰箱的空间。空间站里的冰箱都是以科研用途为主，里面塞满了你想象不到的各种尿液、血液样本，还有生物样本等。你可以想象一下，在找冰激凌的时候翻出这些样本，还有没有心情吃东西呢？于是，每当有冰激凌运到国际空间站的时候，宇航员会迅速吃掉这些冰激凌，腾出摆放样本的空间，所以这也算是"天上"的一个传统娱乐节目了。

天宫上有多少美食？

在神舟十二号上天之前，天舟二号货运飞船装了 4 吨多的"粮草"，已经与"天和"核心舱在等着 3 名航天员了。后来的 3 个月里，3 名航天员完成了一些重要的舱内和舱外任务，如有 160 多件打包的物品是航天员来整理和使用的。当时最受人关注的就是几位航天员日常的食物了。

很早之前就听说，中国航天员的菜品比我们想得还要丰富很多，粤菜、川菜、鲁菜、江浙菜、淮扬菜一应俱全。

当时神舟五号上的杨利伟就能吃上鱼香肉丝、红烧肉、鱼肉丸，后来神舟六号又多了鲍鱼、虾仁、叉烧肉、陈皮牛肉等几十种食物，烤麸、咖喱饭、什锦炒饭换着吃，饭后还能来一口冻干冰激凌，看样子费俊龙和聂海胜当时的日子就过得很不错了。

到了神舟九号，景海鹏、刘旺、刘洋 3 位航天员又吃上了杏鲍菇、黑椒牛柳、松仁玉米、雪菜肉丝等新品，饮料、奶茶也开始供应了，端午节时，还给他们安排了八宝饭。

而到了神舟十号任务的端午节，聂海胜、张晓光、王亚平 3 名航天员吃上了豆沙粽子。等到神舟十一号时，景海鹏和陈冬已经实现早中晚三餐不重样的 5 天一循环，主食、副食、零食、饮品、调味品加起来差不多有 100 种，他们还天天泡茶喝。还有个迷你的"太空厨房"能让他们吃上中式热菜，如鱼香肉丝、宫保鸡丁等。

我国的航天食品有以下几个原则。

（1）营养必须丰富，鱼香肉丝有猪肉、笋丝、木耳，荤素搭配均衡，非常适合长期食用。

（2）一定要好吃，尽量不剩余食物残渣，并且要求后期的消化负担小。

（3）符合航天员的个人喜好。所以从神舟十号开始，食物已经开始了私人订制，甚至在一定条件下航天员还能自行选择带上天的食物。比如，湖北人聂海胜就给自己带了热干面，山西人景海鹏就带了香醋包。

但早年的国际宇航员就没这么幸福了，他们把菜和肉打成浆，做成牙膏挤出来吃。1965 年，一名美国宇航员偷偷带了一个牛肉三明治上太空，这事还成了大新闻。如今条件已经好了很多，在去空间站之前的几个月里，NASA 的营养师会让宇航员挨个品尝菜单上的所有食品，根据每个人的不同口味，各自选出一套个性化的日常食谱，能做到 10 天不重样。

来看看他们的菜单：面包、饼干、牛奶、咖啡、可可、罐头、煎蛋、烤火鸡、海鲜、水果、布丁、牛排、多彩土豆、绿豆加蘑菇。但这些在中国基本不能叫菜，都是食品类别的名称，感觉像是去超市采购而不是在餐厅吃饭。

怪不得一位法国宇航员曾多次抱怨中国航天员的太空美食过于让人嫉妒，严重影响了工作心情，所以他曾自带牛舌、松露、鹅肝酱等法国美食到国际空间站享用。

中国航天食品研究中心的专家们也一直没闲着，神舟十二号的食谱周期已经延长到了 14 天，几乎是半个月不重复的配置了，现在连汤都有了 10 多种选择。执行神舟十二号任务时，豆浆也上了太空。为了让航天员更好地完成任务，国家一直致力于"太空饮食地面化"，简单来说，就是让八大菜系及各地特色美食都上太空。

怪不得那么多国家现在都想来中国空间站里做任务，美食诱惑确实是有点大！

太空怎么喝咖啡？

····•🪐•····

咖啡对于很多人来说，一直是生活中不可或缺的饮品，当然也包括远在太空的宇航员们。事实上，许多宇航员在离开地球之前，会事先与科学家一起参与食品的筛选过程，以确定食物和饮料的搭配、偏好甚至次数。

平时，宇航员会在补水站把热水注入提前准备好的冻干咖啡袋内，然后再用吸管插入隔膜里，就可以喝（吸）咖啡了。

但是，到了 2015 年，这个体验升级了。意大利某工程公司与意大利某烘焙巨头开展了一项合作，为国际空间站设计了一台太空浓缩咖啡机。

太空咖啡机 ISSpresso 的方法是利用现在流行的胶囊咖啡技术，将水加热加压后储存在容器内，喷入装有咖啡粉的胶囊后，将制作好的咖啡快速抽取出来，宇航员就可以从袋子里用吸管喝咖啡了。

2016 年，波特兰州立大学流体物理学家马克·维斯洛格尔设计的特制太空杯出现了，太空咖啡的体验又有了一次飞跃。

这种特制太空杯能够更好地在微重力环境下控制液体，并且能把咖啡送到宇航员嘴边，而且不用从袋子里吸出来，能让宇航员真正闻到咖啡的香味。一个叫作"零重力厨房"的组织正致力于为国际空间站设计特制的烧水壶和咖啡机，看来太空咖啡的体验还能再次升级。未来在太空里喝咖啡可能就跟在地球上一样简单。

图 5.4　国际空间站的咖啡　来源：NASA/JSC

蚊子在火星能活下来？

你被秋蚊子咬过吗？如果我们把这些讨厌的家伙送到火星上，它们能活下来吗？这不是异想天开，俄罗斯真的在空间站上做了实验，结果让人大吃一惊，把一种叫"摇蚊"的幼虫在太空放了 12 个月后，有 80%

的摇蚊幼虫恢复了生存能力，并且完全修复了新陈代谢的能力。

研究证实，这些蚊子的幼虫能够经受住辐射、酒精甚至零下 270℃ 度到零上 106℃的温差。研究这个有什么用呢？

其实，蚊子虽小，但可以把它作为人类的一种模型，毕竟它有完整的血循环和肌腱系统，针对它的研究或许可以帮人类解决未来在星际飞行中遇到的各种问题，让太空旅行更轻松和惬意。

这项实验也表明，生物从一个星球传往另一个星球是完全可能的，所以"地球生命来自火星"的说法，越来越有可能了。

一瓶太空葡萄酒卖 100 万美元？

什么样的葡萄酒能价值百万美元？它喝起来会是一种怎样的感觉？有这么一瓶酒，在国际空间站待了 14 个月，它可能会创造一个拍卖纪录。这瓶葡萄酒产自法国帕图斯酒庄，是 2019 年 11 月被送到空间站的 12 瓶葡萄酒之一，2021 年 1 月被马斯克的"龙飞船"运回了地球。它为什么这么贵呢？

因为去太空的"快递费"本来就很贵，而且在零重力环境下，发酵、陈化及起泡过程都有所不同，口感也会不一样。2021 年 3 月，十几名品酒专家品尝了这个批次的一瓶"太空葡萄酒"，据其中一名专家现场描述，"地球酒"的味道显得"更年轻"，"太空酒"则略柔和、更芳香。

不过，去过太空的酒好不好喝，其实大部分人也不一定尝得出区别，只是"上过天"的酒仪式感强一些。比如，日本的一款清酒——土佐宇宙酒，厂家在 2009 年通过俄罗斯的火箭和飞船把一批酵母送上国际空间站，然后取回后在地面进行酿制，每卖出一瓶都要给俄罗斯方面分一点钱，一瓶的售价大概是 260 元人民币。

而 LV 集团的 Ardbeg（阿贝）伽利略威士忌，1999 年装桶，2012 年出桶，也算是另一款上过国际空间站的洋酒了，一瓶"阿贝"可以卖到 3000 多元人民币。

好吃不过太空饺子？

神舟十二号为期 3 个月的任务，宇航员们都吃什么呢？很多人已经知道了，菜谱荤素搭配，鱼香肉丝、宫保鸡丁等都只是入门菜。

可要是选一种吃多久也不腻的食物，估计不少人会首选饺子。没错，这事已经有人在做了，日本的一家店设计了一款在飞船上食用，没有加入大蒜、韭菜等刺鼻配料的饺子，通过特制粉末体现风味，无须煮沸就能直接食用，还能应急。

48 岁的店主铃木清仓受 2020 年的新冠肺炎疫情影响，潜心开发新品，得到了日本岐阜县研究所的技术支持，主要以猪肉、卷心菜、白菜为原料，用大米磨成粉末混入饺子皮，进行特殊的干燥工艺处理后，不仅能保持嚼劲，还可实现保质期达到半年以上，最多能达到 2 年。

JAXA（日本宇宙航空研究开发机构）表示，很多宇航员都想在太空吃上饺子，这确实是个刚需。相信中国的航天员很快也能吃上正宗的国货饺子了。

可乐曾进行过太空大战？

现代人把可乐称为"肥宅快乐水"，可你是否想过，我们能把这种带汽的饮料送到太空上喝吗？答案是可以！曾有一个特别经典的太空商业案例，背后的故事值得一说。

20 世纪 80 年代，"可口可乐"在美国的受欢迎程度开始下降，而"百事可乐"如日中天。所以，"可口可乐"在 1984 年花重金打造了一款"为人类打造的第一口外太空碳酸饮料"，这种定制版的可乐可以让宇航员在失重的情况下自由饮用。

听到消息，"百事可乐"当然坐不住了，也弄了一款产品加入"太空可乐"的大战中。1985 年 7 月 29 日，两家的可乐都乘坐"挑战者号"航天飞机到了国际空间站，宇航员们分组对这些饮料进行了品鉴，结果出来后，大大出乎人们的意料。因为大家都反映两家的可乐的味道太怪了，一点也不好喝，反倒是一致对另外一款饮料——"菓珍"印象深刻。这下好了，两位大战的主角花了重金，却错失了"太空奥斯卡"的饮料大奖，让一款橙汁饮料从此意外走红。

图 5.5　定制的"太空可乐"　来源：NASA

在太空能撸猫吗？

•••••🪐•••••

很多人觉得，"撸猫"这事是真的停不下来，因为猫实在太可爱了，当它们去了"天国"之后，主人还会伤心欲绝地纪念它们。

2020 年，有只猫也去了太空，它是 NASA 前员工史蒂夫养的橘猫"皮卡丘"，与 1963 年 10 月人类送去太空的第一只猫——来自法国的"费莉切特"不同的是，"皮卡丘"在"上天"的时候已经去世了。猫的主人为它购买了美国太空纪念公司（Celestis Pets）约 5000 美元的殡葬服务，"皮卡丘"被送入了绕地轨道，换句话说，这只猫化身成了一颗"卫星"。它的结局也会跟卫星一样，在若干年后掉入大气层里被燃烧殆尽，但如果多出 1 万美元的费用，骨灰就可以被送到月球上保存了。

相比之下，"费莉切特"就幸运多了，它乘坐的是 1963 年的法国火箭 Veronique AG1，完成了一次 161 千米高度的亚轨道旅行后，活着返回了地球，不过它最终是被安乐死的。几十年后，人们花了 57000 美元为它做了一座约 1.5 米高的青铜雕塑，感谢"费莉切特"为人类的太空事业做出的贡献。

2019 年 12 月 18 日，这座雕像在法国斯特拉斯堡的国际空间大学揭幕，"费莉切特"的铜像矗立在一尊地球雕像上。

全球太空快递哪家强？

2015 年，一个号称全球最贵的快递诞生了。由于宇航员吐槽速溶咖啡太难喝，NASA 只好马上快递了一台咖啡机（ISSpresso）送到国际空间站，这个 20 千克的东西花了多少钱呢？算下来，差不多是 14 万人民币 1 千克。

每隔一段时间，就会有来自地球的货运飞船和载人飞船与国际空间站对接，送货拉人。现在全球化经营太空快递业务的主要是俄罗斯、美国和日本等为数不多的几个国家和地区，中国的货运飞船目前是自己管自己。比如，在神舟十二号任务前"上天"的天舟二号货运飞船的"带货"能力也是很强的，上行物资的总重约 6.9 吨，其中货物重量约 4.7 吨，推进剂超过 1.9 吨。这个运力，在目前现役的各型货运飞船中排名第一。

再来看看世界各型货运飞船上行的货运指标：中国天舟飞船（6.9 吨）、俄罗斯进步 MS 飞船（2.5 吨）、美国"天鹅座"货运飞船（3.8 吨）、美国 SpaceX 可复用货运"龙飞船"（上行 6 吨，下行 3 吨）、日本 HTV 货运飞船（6.2 吨）、欧洲 ATV 自动货运飞船（7.6 吨）。

我国的天舟一号货运飞船当时的运力为 6 吨，并未超过日本的 HTV 货运飞船，但天舟二号出现时，欧洲的 ATV 飞船已经于 2015 年退出了历史舞台，日本的 HTV 飞船也在 2020 年正式退役。因此我国的天舟货运飞船是目前全球现役运力最大的货运飞船，并以最小结构重量达到了最大的装货能力，载货比达到 0.50+，这个指标也是全球的货运飞船之最。

为什么有 15 万中国人加入"太空之国"？

· · · ·🪐· · · ·

"我们要在 7 年内实现卫星互联网，用 15 年建好太空方舟，25 年后实现月球定居……"这会不会是马斯克在宣布他的太空计划呢？猜错了！这其实是一位来自阿塞拜疆的博士阿舒尔贝利说的。

可阿塞拜疆这个国家的航天实力有这么牛吗？真的能实现这位博士说的这些远大目标吗？其实这些目标跟阿塞拜疆这个国家并没有什么太大的关系，阿舒尔贝利博士其实是代表一个全新的国家的元首来宣布战略计划的。

2016 年，一群来自世界各界的专家在巴黎宣布，地球之外的首个

"太空国家"阿斯伽迪亚（Asgardia）成立，致力于在外太空建立"一个完整而独立的国度，未来将成为联合国成员"。"Asgardia"这个名字来源于北欧神话里奥丁统治的仙宫"Asgard"。之后，居然有超过100万人申请该国的国籍成功，其中有15万人来自中国，还有超过10万名美国人。2017年，这个仍未被联合国承认的"国家"居然成功发射了第一颗卫星。

2018年6月25日，这个"太空之国"在奥地利首都维也纳霍夫堡宫举办了首任领导人的就职仪式，他们的领袖伊戈尔·阿舒尔贝利正式宣告了这个旨在在月球建立人类永久居留地的"国度"正式诞生。阿舒尔贝利向现场数百名听众宣布："我们已经设立了政府各机构，我因而满怀信心地宣布，阿斯伽迪亚，即第一个人类太空合众国诞生了！"

阿舒尔贝利领导的筹建者团队希望吸引并招募全球人口中"最有创造力"的2%成为"公民"，阿舒尔贝利表示"公民的筛选会持续进行，有可能会涉及智商测验"。申请成为太空国公民，只需登录阿斯伽迪亚的网站，点击"成为阿斯伽迪亚人"的链接，就可申请成为太空国公民。

只不过，获得"阿斯伽迪亚籍"的人每年需缴纳100欧元的"会员费"，阿斯伽迪亚也打算向公民征收营业税和个人所得税，不过已承诺所收的税率不会太高。笔者有些好奇，那100多万申请了国籍的各国人民是否按时缴纳了这笔费用，毕竟阿斯伽迪亚的太空计划十分庞大，真的需要很多钱。

不妨大胆设想一下：某一天，一颗小行星撞向地球，这个地球之外的"太空之国"是唯一能够躲过这场灾难的国家，这些拥有阿斯伽迪亚国籍的公民就像是提前买了"诺亚方舟"船票的人。如果真的是这样，你会加入他们吗？

机器人主播将占领太空?

把人送到太空的确非常昂贵,宇航员在太空的工作其实是很危险的,谁这么大胆竟然想在太空上直播呢? 原来是一种名叫"阿凡达"的机器人,它们是为了响应 2018 年日本航天局提出的"阿凡达 X"计划而诞生的。2020 年,这款"阿凡达"的原型机器人已被送到了国际空间站,安置在日本的实验舱"Kibo"中。一旦测试完成,这个"主播"将让地球人通过观看直播的方式在国际空间站实时看地球。

未来,这家日本公司 GITAI 打算把这种机器人批量送到太空的各个地方,用它们来代替人类完成一系列的工作。

看来,今后在天上可能会出现很多的机器人主播了。

图 5.6　JAXA 太空直播概念图　来源:JAXA

谁在太空秀出超级广告?

把无人机排成队列,组成各种图案和文字的场景你应该见过吧?现在这种表演似乎很常见了。但你有没有想过,或许,我们可以把高度提高,用卫星替换全部的无人机,在更高的天空上拼图案和文字,甚至是打广告。你觉得这个创意怎么样?

这事已经有人在尝试了!俄罗斯的先锋空间公司(Avant-Space)于 2020 年开始生产两颗可以在太空打广告的卫星,计划在 2022 年发射其中一颗,测试在夜空播放广告的可行性。如果测试顺利,Avant-Space 公司会在 2024 年之前发射 30 颗卫星,毕竟他们的创意得到了资本的青睐,现在这家企业的融资很顺利。

可以想象这么一个场景:未来天上有一大群配备了激光发射装置的微小卫星,它们在空中排列,发射出激光束构成文字或 Logo,在地球上很大范围内的地面都清晰可见。如果真有这样的太空广告,预计要花费数千万美元造卫星,还要给卫星提供持续的能源供给方案。卫星约 90 分钟就可以绕行地球一圈,理论上可以同时向近 10 亿人传递信息,你觉得打这样的广告值吗?

2020 年 9 月,据该公司的卫星开发人员介绍,早期的卫星广告并不会像无人机表演那样工作,而是会通过肉眼无法辨识的激光,用"摩尔斯码"的方式进行传输。观看者用手机摄像头对准卫星的方向,就能通过网络将广告信息传递到智能手机上,但必须提前下载配套的应用程序。也就是说,不是智能手机是看不到也收不到广告的。这里的"摩尔斯码"并不是我们耳熟能详的"摩斯密码",它是通过不同的排序来表达英文字母、数字和标点符号的,跟现代的数字通信不同。

这么看来,这家公司的广告服务的投放费用应该不会太贵。果然,根据这家公司在 2021 年 8 月的公开信息显示，他们的卫星仅重 7.5 千克，广告的投放价格是 14 万美元起，广告在空中的可视面积大概是 3 个"肉眼所见的月球"的大小。

从火星上带回什么货能赚回路费？

假设你真的到了火星，还会想着回地球吗？你会在乎回家的路费吗？实话说，去火星的路费肯定要比回来便宜得多。马斯克曾随口说过去火星的单程票的价格——20 万美元，但是他当时没提回来需要多少钱。

但如果真要去估算一下，收 1 亿美元肯定不算多。要知道，人去火星的代价本来就很大，回地球的难度就更不可想象了。我们在地球准备资源出发去火星是相对简单的，但在火星上收集齐回地球的燃料、准备好足够的供给和其他物质，就复杂得多了。有人肯定在想，如果能回地球，带什么东西最值钱、最划算，或许能够赚回路费呢？

其实，几亿千米外的火星遍地都是宝，哪怕带回一袋子红色土壤估计都能卖几个亿，但这个效率似乎有点低。

从 1960 年开始，地球人就开始探索火星了，之后差不多 50 次与之相关的太空任务，几乎有一半是失败的。火星上还是留着挺多"宝贝"的，如大名鼎鼎的在火星上工作了超过 15 年的"机遇号"火星车，它在 2018 年失联，公开造价是 4 亿美元，那可是十多年前的美元啊！如果你能找到它，把它身上的沙尘清理掉，说不定还能把它"救活"。当然，还有很多是摔死在火星上的探测器的"尸体"，虽然你可能抢救不了它们，但可以把它们或一些零件带回地球，会更有研究价值。比如，可以拍下它们的"死状"做成纪念册，你还能协助各国的科学家找到它们失败或死亡的根本原因，最后把这些"老古董"收拾收拾，若是带回地球，必定会成为地球的一些博物馆和科学馆大力争夺的"镇馆之宝"。

比如，苏联在1971年送上火星的"火星2号"和"火星3号"探测器，都被确认是"死"在了火星地表，它们各携带了一个"Prop-M线控漫游车"到达火星，其中"火星3号"着陆后还进行了短暂的通信才失联。肯定有无数人都想搞清楚，最后那20秒它到底发生了什么。而且"Prop-M线控漫游车"这样的物品可以说是"又小又值钱"，如果能带回地球一个，不用说，肯定赚大了！

还有2003年6月的"火星快车"任务，这个探测器当时携带了一个约33千克的"小猎犬2号"机器人，虽然它当时的造价才5500万美元，但实际价值要高得多。它的内部安装有摄像头、传感器、显微镜、研石器和一间小型实验舱，并配有一只强大的机械臂，理论上能够挖到火星地表以下10多厘米的土壤，是寻找火星生命的一把好手。如果它还能工作就太棒了，实在不行，把它带回地球也很好。毕竟，我们不能指望自己抱着几百千克甚至上吨的东西坐上返程的飞船，就算它们重量不大，体积也太大了。

如果你在火星还能看到倒在路边的"机智号"火星无人直升机，千万别放弃它，这绝对是个"大宝贝"，因为它在火星上的表现本身就是个"特大惊喜"，完全超出了科学家们对它的预期。你看到它的时候，它不一定还能飞，但是一定很好带，毕竟它在地球上才重1.8千克。

至于其他的，如已"死"在火星的"火星X号""水手X号"和"海盗X号"系列，或者还在火星上工作着的那些"大家伙"，如"洞察号""好奇号""毅力号""天问一号"等，可以在找到它们后跟它们合影，跟拍它们，尤其是要多拍点视频，如果有条件能开个直播什么的，也肯定会非常火爆。

总之，人都到火星了，怎么可能赚不回路费呢？关键是要活着！

图 5.7　2003 年还在地球的"机遇号"火星车　来源：NASA

阿汤哥的太空电影被谁抢先了？

· · · · 🪐 · · · ·

2020 年 5 月，NASA 曾证实汤姆·克鲁斯（阿汤哥）将于 2021 年前往国际空间站拍摄一部新电影。阿汤哥此前一直非常痴迷于在电影里挑战极限，还是个狂热的太空迷，所以很多人对这部作品寄予厚望。

这也不是汤姆·克鲁斯第一次想去太空了，早在 2000 年，拍摄了《泰坦尼克号》《阿凡达》等大片的超级导演詹姆斯·卡梅隆就曾与阿汤哥探讨过在太空拍电影的事，詹导曾打算和阿汤哥一起训练，并使其成为一名准工程师，然后用俄罗斯的"联盟号"飞船的两个席位把他俩送往国际空间站。阿汤哥当时毫不犹豫，一口就答应了詹姆斯·卡梅隆，后来这事却不知道因何而不了了之了。

与 NASA 合作的这部电影本来毫无悬念地会成为全球首部在真实太空中取景的剧情片，也毫无疑问地能满足阿汤哥飞上太空的梦想。可后来，由于受到新冠肺炎疫情的影响和多方面的条件限制，美国方面错过了最佳时机，阿汤哥的档期也没能排出来，2021年的拍摄计划只能延期。

然而，2020年11月，俄罗斯联邦航天局开始面向社会招募女性，宣布他们准备拍摄首部在太空真实取景的大片《挑战》。俄罗斯此举是为了重振太空雄风，希望借此激励新一代的工程师和科学家们。而且他们的行动相当迅速，很快就选好了4名女演员。这些女演员会一起在加加林宇航员培训中心接受为期4个月的训练，虽然最终导演只能带上去1名女主角，但其他3位女演员也必须参与训练成为候补人员，同样要做好执行任务的准备。

后来，俄罗斯女演员尤利娅·别列希尔德从3000名候选者中脱颖而出，成为这部电影的女一号，她曾凭借《女狙击手》获得第5届北京国际电影节最佳女主角奖。导演是曾在2017年指导过电影《太空救援》的克里姆·斯彭科，获得过第16届平壤国际电影节最佳导演奖。尤利娅·别列希尔德饰演剧中的外科医生，同时她也是自己在空间站上的化妆师和服装师，导演就是摄影师。剧中女医生是去救人的，被救的那个角色由一名真正的宇航员奥列格·诺维茨基饰演，他于2021年4月已到达国际空间站。

2021年10月5日，《挑战》剧组的两人在通过了全部飞行考试后，跟随另一名俄罗斯宇航员——本次任务的指令长安东·什卡普列罗夫飞往了国际空间站。这名宇航员可以说是有史以来最强的"剧组司机"，飞船到达国际空间站后，在对接过程中就遇到了麻烦，自动对接程序发生故障而中止，指令长临时切换手动操控完成交会对接。就这样，《挑战》剧组有惊无险地通过了第一个"挑战"的考验。本次拍摄计划12天，导演并没有携带摄影装备上天，因为空间站已有大量的摄影摄像装备了，这部电影并不是全程都在太空拍摄，空间站只是其中的一个场景。

第一部太空电影的名头就这样归属于俄罗斯了，很多人没料到，苏联解体这么多年后，俄罗斯居然又抢到了一个新领域的"太空第一"。

如何肉眼观测到空间站？

我们在天气晴好的夜空会发现一些星星不像星星，飞机不像飞机的亮点，可能会想这是不是 UFO。其实，这种快速移动的亮点一般是国际空间站或者是低轨道卫星，现在多了一个可能，就是中国的空间站。事实上，我们只需要根据观测者提供的时间、地点和方向，一般就能查到当时过境的是哪一个航天器。

以观测中国空间站为例，打开 Heavens-Above 网站，然后允许软件获取你的位置，设置后选择"天宫号"，页面会显示中国空间站最近 10 天的过境信息，包括日期、亮度、开始的时间及方位等信息。

选一个空气良好的夜晚，不要在有云有雨有雾的日子，在观测前，最好提前找到火星、北斗七星来参考方位和判断方向，不要把附近太亮的地方作为观察点。当空间站过境时，一般会比旁边的星星都亮一点，移动速度也会快得多，正常情况下是肉眼可见的，如果用望远镜则效果更佳。

空间站上能洗衣服吗？

一般情况下，1 千克的东西送到国际空间站，需要支付 10 万以上的人民币。在空间站里，按照国际惯例，大部分衣物是穿完就换，换完就扔，一年下来，平均一名宇航员大约需要超过 70 千克的替换衣服。中国的航天员也差不多，虽然有连体工作服、休闲服、锻炼服等几种款式，但贴身的衣服、袜子也是换了就扔。不过我们的航天员有专用的、舒适的太空软鞋，应该可以减少一些袜子的消耗。

　　而在太空上洗衣服这件事，一直是个国际难题，遇上时间长的任务，如去月球出差或者建设火星基地，需要准备很多空间来装衣物。

　　所以从 2021 年开始，宝洁公司与 NASA 开展合作，联手开发在太空能使用的洗衣机与烘干机，最大限度地利用循环系统，既能保持宇航员的整洁又不会过度浪费。但这里面其实也有不少难点，如必须研究出一种特制的洗涤剂，让洗衣水被系统回收后还能达到饮用水标准，如果能做到这点就没什么大问题了。

　　以后不用穿完就扔，还是可以节省很多空间和资源的。

航天自带"黑科技"光环，马斯克的"星链计划"让全球覆盖网络服务，人类的首次月背着陆和生物培育试验都是"中国出品"，再看太阳帆、太空采矿、核动力火箭等，航天科技已无处不在。

马斯克要开发火星机器人？

马斯克在 2021 年 8 月的"特斯拉 AI 活动日"上宣布，特斯拉要开发一款人工智能驱动的人形机器人。这款产品会被用来代替人类进行重复、危险、无聊的工作，不用一步一步地对它下达指令。比如，说一句"把葡萄拿来"，机器人不会直接拿着一串葡萄过来，而是会先在容器里洗好后再送过来，是通过思考和处理再给你一个它分析出来的"你想要的结果"。

这种机器人身高约为 1.7 米，重量约 56 千克，跟人的身材差不多，全身上下有 40 个关节驱动，相当灵活，能举起 20 千克的重物。跑起来每小时约 13 千米，1 秒钟就是 3.6 米左右，行动能力跟一个 5 岁小孩差不多。

马斯克开玩笑地说，正是这样的配置，才会比较安全，因为人类可以打得过它们。有网友还特意问了马斯克，特斯拉这种人形机器人未来是否会被送到火星当工人？马斯克回复："我当然希望能这样！"

第二代"星链"有多强？

· · · · 🪐 · · · ·

2021 年 8 月，SpaceX 向美国联邦通信委员会（FCC）提交的一份文件表明，"星链计划"的第二代产品已横空出世。"星链"的这个新方案共包括 29988 颗卫星，部署在 9 个不同的高度，能实现密度更大、更稳定的全球覆盖。而新一代的星链卫星比原来的 260 千克要重 3~5 倍，支持的最大带宽是原有卫星的 3 倍以上。

支持马斯克跨出这么大一步的，除了他一贯的风格，还有两个因素，一是此前星链卫星的组网运行表现不错，只发了不到 2000 颗卫星，就获得了 7 万名以上的全球客户，测试的网速也比 4G 要快不少；二是 SpaceX 在 2021 年 7 月底到 8 月初，把星舰原型机 S20 与世界最大的一级火箭助推器 B4 组成了一个 120 米高的超级巨无霸星舰，后来又配上了 29 台猛禽海平面发动机，推力一举超过了 6000 吨，要知道这个配置可是一次能发射 400 颗卫星的"大家伙"啊！

马斯克这个计划十分高明，趁着测试日本客户前泽友作的绕月旅行计划和美国 Artemis 的登月任务，顺手大量地发自家的"星链计划"的新一代卫星，真是一举两得。

1 吨月壤能造出 250 千克氧气？

· · · · 🪐 · · · ·

有一项技术，能用一吨月球土壤提取出 250 千克氧气，让人类在月球建立永久基地变得更容易了，同时也大大降低了探索太空的成本，甚至还可以把这个方法用在火星上。

这可不是科幻片，是在 2021 年 9 月，由一家日本公司和一家以色列公司开展的一项跨国合作。以色列的这家初创公司将在高温下融化月球土壤，然后进行电解来提取氧气，这是一种能够处理月壤以提取氧气和铁、铝、硅等金属的反应堆。

日本公司则负责分两次把以色列的实验仪器送到月球上，他们打算用马斯克 SpaceX 公司的火箭把着陆器发上去。目标是到 2040 年有 10000 人访问月球，让 1000 人生活在月球上。

看来，月球这个地球"第八大洲"的称号还真有可能坐实了。

用飞机也能发卫星？

英国富豪理查德·布兰森的太空旅游公司——维珍银河曾在 2017 年分拆出来一家名叫"维珍轨道"的子公司，这家公司使用的技术与维珍银河发射"太空船二号"亚轨道飞行器的技术类似，但主要是一家用来提供卫星、小卫星发射服务的企业。

2020 年 5 月 26 日，维珍轨道的"发射器一号"（LauncherOne）空基发射系统测试宣告失败；2021 年 1 月 27 日，维珍轨道首次用一种独创的发射方式将 10 颗小卫星送入轨道，这也是维珍轨道首次代表 NASA 向太空发射工作卫星，他们也成为唯一一家用"飞机 + 火箭"接力的发射形式获得成功的公司；2021 年 7 月 1 日，维珍轨道再次在美国加州的莫哈韦沙漠的上空，使用波音 747 型民航客机完成了一次火箭的商业发射，又将 7 枚卫星成功送入轨道。

2021 年 9 月，维珍轨道终于迎来了分拆后的"高光时刻"。该公司 CEO 丹·哈特宣布：维珍轨道的核心业务仅 2023 年就会有 18 次太空发射，总收入会超过 20 亿美元。因此维珍轨道将通过 SPAC（海外借壳上市的一种方式）的方式于 2021 年年底在纳斯达克完成上市，这对于维珍轨道而言，确实是个天大的好消息。

维珍集团拥有一套独步天下的空中发射技术，就是使用改装的波音飞机先飞到一定的高度，再二次点火发射机腹下方的小火箭或者是太空飞船，这种方式不仅能把人送到亚轨道空间，还可以送卫星进入太空，非常灵活和方便。不仅节约了燃料和成本，飞机从机场跑道出发，最后还能在机场跑道着陆。

不得不说，这个发射的设计构思确实很巧妙。

图5.8　2021年1月，维珍轨道发射卫星　来源：维珍银河官网

火星第二代无人机有多猛？

跟着"毅力号"火星车一起执行任务的"机智号"无人直升机，绝对是 NASA 在 2021 年的火星任务中最大的惊喜。原计划是"机智号"

飞行到第 5 次的时候，让它采取一次"自杀式飞行"，朝某个方向一直飞，能飞多远就飞多远，既不用飞回来，又不用考虑安全降落。但因为前几次的试飞表现得太过于优异，"机智号"的任务被调整为不限制飞行次数，只要它还能飞，就让它一直飞下去。

加州理工学院喷气推进实验室（JPL）不仅延长了"机智号"的飞行任务，还在 2021 年 8 月公布了第二代火星直升机的设计模型，名字是"火星科学直升机"（MSH）。第二代无人机升级为重量约 31 千克的六轴飞行器，最高速度约为 30 米 / 秒，可悬停 5 分钟，单次飞行里程达 10 千米，而"机智号"只有 1.8 千克，速度约 5 米 / 秒，设计的最远飞行距离也只在 600 米以内。

图 5.9 "毅力号"拍摄的"机智号" 来源：NASA

这样看来，第二代机型的重量是"机智号"的 17 倍，速度是"机智号"的 6 倍，可以不再依赖火星车的配合，能独立开展任务，因此最远飞行距离也提升了很多。新无人机还有一个特色新技能，就跟青蛙捕捉昆虫一样，只需对准悬崖上的岩石和土壤目标，用带有黏性的弹性材料，一伸一收，样本到手。这个设计真的太酷了，刚好那些峭壁上的位置是火星漫游车到不了的地方，却偏偏藏着太多火星的秘密。

相信第二代无人直升机会有更多让人惊喜的发现。

登陆月背为何这么难？

· • • • ✍ • • • ·

登陆月球背面难吗？答案是，难度相当大。至少在 2021 年以前，中国是唯一实现月球背面探测器软着陆的国家。美国虽然曾 6 次登月，但却从未选择在月背登陆，为什么会这样呢？

从地球上观察月球，我们始终只能看到月球的一面，这个现象被称为"潮汐锁定"。这是由于引潮力的作用导致凹凸不平的月球表面受力不均衡，在这种情况下，月球内部产生的摩擦减慢了原本的自转，最终月球的自转和公转周期一致，所以就只有一面对着地球，另一面被藏了起来。

由于被遮挡，月球背面的探测器或者宇航员是不能直接与地球进行无线电通信的，而对于月球登陆器来说，地面测控站必须实时跟踪和测试登陆器的状态，做到指令的发送毫秒不差，因为信号一旦中断，任务极有可能失败。

因此，我国在"嫦娥四号"探测器成功登陆月球背面之前，于 2018 年 5 月 21 日先行发射了一颗名为"鹊桥一号"的中继通信卫星，一举解决了通信的问题。此外，月球背面还有很多潜在的危险，月背陨石坑密布，尤其是着陆点——月球南极的艾托肯盆地附近的山有 10 千米高，这里的巨大陨石撞击坑是太阳系固体天体中最大、最深的盆地地形。正面着陆最多算是在1米跳板上玩跳水，而在背面着陆堪比从百米悬崖上往大海里跳，两者的难度完全不能相提并论。

当然，再大的困难也没有难倒中国航天，2019年1月3日10∶26，"嫦娥四号"在月背成功实现软着陆，中国探月工程团队的多名科学家获得了国际宇航联合会2020年度的最高奖——"世界航天奖"。这是该国际组织成立70年来第一次把这一奖项授予中国航天的科学家。

在此之前，"嫦娥四号"还获得英国皇家航空学会成立153年来首次颁发给中国项目的2019年度唯一的团队金奖，美国航天基金会也授予探月工程"2020年度航天唯一金奖"，还包括国际月球村协会自成立以来的首个"优秀探月任务奖"。

海上发射到底有多难？
····🪐····

顾名思义，海上发射就是把火箭搬到大海上来发射。有人可能会问，中国不是有四大卫星发射基地吗，为什么还要到海上发射呢，海上那么大的浪多不稳定啊！确实，海上发射要比在陆地难多了，除了中国，全球掌握了成熟海上发射技术的国家只有俄罗斯和美国，全世界所有的海上发射的成功案例加起来都不多。

海上发射首先要克服稳定性和气候变化等因素，信号只能通过无线传输，还必须实现自主安全控制。当然，海上发射肯定有很多的好处：它可以让发射船更接近赤道，能够更好地利用地球自转的力量，提高火箭的运力，降低发射成本，发射出去的卫星的寿命也会更长一些。同时，海射可以通过海上航行灵活地选择发射点和火箭落区，这样安全性更高，能远离人口稠密地区，残片大概率会掉落在水中，这样就把发射对人的不利影响降到了最低。

2019 年 6 月 5 日 12：06，我国在黄海海域使用长征十一号运载火箭成功完成"一箭七星"海上发射技术试验。这是我国首次在海上进行航天发射。

2020 年 9 月 15 日，中国再次使用长征十一号火箭在黄海区域完成第二次海射，这也是全球的第 50 次海射，第 46 次成功的海射。至此，美国侦察兵运载火箭（Scout）共发射过 9 次，俄罗斯天顶 -3SL 火箭（Zenit-3SL）发射了 36 次（32 次成功），俄罗斯施基利 / 沃尔纳火箭（Shtil/Volna）发射了 3 次，中国长征十一号运载火箭 H（CZ-11H）成功发射了 2 次。

诺基亚正瞄准月球？

曾经传说像砖头一样结实的诺基亚手机早已离我们远去了，但你可能想不到，根据 2020 年全球电信设备商的年度排名，诺基亚公司仍居世界第二。是不是感到有点惊讶？

2020 年 10 月，NASA 给出的一份 1410 万美元的合同也从侧面证实了诺基亚的行业地位。月球上将被部署蜂窝数据网络，根据这个计划，诺基亚负责在月球建立一个 4G 网络系统，最终会升级到 5G。

这是人类在太空中的第一个 LTE/4G 通信系统，可以支持月球表面通信，距离更远，速度更快，这也是美国重返月球"Artemis"计划的重要组成部分。诺基亚贝尔实验室到 2022 年年底前，要在月球表面构建和部署第一个超紧凑、低功耗、空间硬化的端到端的 LTE 解决方案，并在月球上建立第一个 LTE 通信系统。

NASA 计划在 2030 年前，在月球上建立一个持久的人类基地。

太阳帆有什么用？

•••••••••

太阳帆是利用太阳光的光压提供宇宙航行动力的一种航天器，由于产生的推力很小，所以并不能让航天器从地面起飞。但是，如果是在没有空气阻力的太空，这些小小的推力就能够实现一定的加速度。

研发太阳帆的主要目的，就是为星际航行提供太空能源。如果我们以太阳光作为动力，就可以减少宇宙飞船携带的大量燃料，增加机动性，可以让航天器在太空停留更长的时间，只要有阳光，它就会持续获得动力加速飞行。

俄罗斯、日本、美国等国家从 2001 年开始，先后进行了太阳帆的科研和试验，并获得了一定的成功经验。

2019 年 8 月 31 日，我国首次将太阳帆成功送入太空，由中科院沈阳自动化所研制的"天帆一号"搭载天仪研究院的"潇湘一号 07"卫星，成功在轨验证了多项太阳帆的关键技术。

科学家们认为，人类利用太阳帆从事深空探索，一定会带来一场新的革命。那么，参与一场应用太阳帆技术作为动力的太空旅行，你准备好了吗？

新疆如何用高科技解放劳动力？

•••••••••

如果你去过新疆的棉花地，会看到拖拉机的驾驶室里没有人，车子却在跑，这是怎么回事呢？

其实，应用北斗卫星导航的农机自动驾驶系统早就在新疆"全面开花"了。这种"超级播种机"一天能播 150 亩，无论是跑直线还是走

"猫步"，误差都在 2 厘米以内，靠的就是卫星定位、机械控制、惯性导航等技术。利用"超级播种机"后，土地利用率提高了 5%，作业量提高了 50%，大大提高了生产效率。

在这个过程中，北斗无人机还会配合洒农药，棉农在家用一个 App 程序就知道他的地里是否需要浇水、施肥。到秋收时，也是全面机械化，一台机器相当于 2000 个劳动力。

另外，高科技放牛羊也早就不是新鲜事了。从 2016 年起，内蒙古部分地区就开始试用北斗放牧系统，现在在新疆阿勒泰等地区，会将定位耳标芯片安装在牛、羊的耳朵上，通过手机，动物们的位置一览无遗，新疆博湖县的骆驼身上也装上了北斗卫星导航项圈。

以前，一个牧民为了在广阔的草原上找牛赶羊，摩托车用的油费每年都差不多要一万元人民币。如今，用无人机就能把牛羊赶回来，几乎一个月都不用出门。

"逆袭"的企鹅是谁找到的？

腾讯公司的"QQ"软件早期叫作"OICQ"，它的图标原型是一种叫作"阿德利企鹅"的小家伙。这种企鹅在过去的 40 多年里曾经因为低温而数量骤减，但如今人类用卫星轻松找到了"阿德利企鹅"的更多小伙伴。在地球上至少发现了超过 150 万只它的同类，它已逆袭成为仅存的 17 种企鹅中数量最多的品种。

可是南极这么大，卫星又是怎么找到它们的呢？其实很简单，因为"阿德利企鹅"最喜欢吃一种红色的磷虾，所以它们会拉出大量的粉色便便，科学家们只需要根据卫星图上的粉红色区域就能轻松追踪到它们，并且还能估算出数量，这也算是卫星大数据的一种应用了。

地震来了卫星先知?

· · · · ✨ • • · ·

7.5 级的地震有多厉害? 相当于 1.9 亿吨 TNT 炸药同时爆炸, 是人类最大级别氢弹威力的近 4 倍。那么, 地震有没有可能被预测?

在未来, 这一切皆有可能, 卫星技术将会更广泛地应用于地震预测和快速应急。比如, 热红外遥感卫星可以提前探测到震前的地热异常, 还有微波成像的合成孔径雷达 (SAR) 可以监测到地表山体和桥梁建筑的轻微位移 (毫米级), 伤员救援、灾民转移和灾后重建也都离不开卫星的应用。

SpaceX 的火箭速度最慢?

· · · · ✨ • • · ·

一些航天爱好者认为, SpaceX 公司的火箭速度是最慢的, 没有之一。真实情况如何呢? 按照大名鼎鼎的齐奥尔科夫斯基火箭方程式, SpaceX 的火箭肯定是经过精心计算才能飞上天的, 里面的数据并不简单。从原理分析, 想让火箭飞得快, 就需要让火箭的比冲更大, 发动机更强力。

以 "猎鹰 9 号" 为例, 满载时的重量大约是 549 吨, 其中 500 吨都是燃料, 也就是说, "猎鹰 9 号" 满载时的燃料重量占比高达 91%。通过一组对比数据可以发现, SpaceX 的梅林发动机的比冲连印度的火箭发动机都比不上, 速度确实不快。但是, 马斯克确实是个 "省钱高手", 他看中的是梅林发动机的价格很便宜, 于是 "猎鹰 9 号" 火箭在材料的使用及结构的创新上大做文章, 实现了火箭的 "超级瘦身", 在 "推重比" 这个参数上稳居世界先进水平, 远远超过了美国登月王者 "土星 5 号" 的第一级火箭。

换句话说，SpaceX 的火箭引擎产生的推力远远大于它的重量，效率也很高。关键在于，猎鹰系列的火箭是能重复使用的，用一次成本就摊薄一次，单次费用越来越低，商业价值也就越来越大。这才是马斯克最关心的地方，至于飞得快慢，似乎已经没那么重要了。

北斗为什么与众不同？

当年，我国虽然有了"北斗一号"，但如果能够在与西方国家的合作中学习到一些先进技术与经验，对中国卫星导航技术的发展无疑是有很大的帮助的。所以中国与欧盟于 2003 年草签了一个合作协议，成为第一个加入"伽利略计划"（欧洲导航系统）的非欧盟国家，将拥有这一系统的部分所有权和全部使用权，并承诺投入 2.3 亿欧元（约 16 亿元人民币）用于研发工作。

然而 2005 年，欧洲在美国技术支持的诱惑下，突然对中国进行排挤。2006 年，"伽利略计划"的决策机构也不再对中国开放，更不用说参与到研发工作中了，"中欧"双方的这次合作无疾而终，那 2.3 亿欧元也因此打了水漂。

求人不如求己，中国从此开始独立研发北斗。虽然是自力更生，但北斗系统进行了极大的创新，它融合了导航与通信能力，具有实时导航、快速定位、精确授时、位置报告和短报文通信服务五大功能。其中的短报文通信服务功能在没有任何地面网络的支持下也可以发短信，一次可以发送 120 字。到"北斗三号"出来时有了更大的提升，一次可以发送 1000个汉字，还可以传图像、发语音。

由于中国很难在本土之外建设卫星地面站，于是北斗团队攻克了"星间链路"技术：只要有一颗卫星在我国的领空，所有卫星就能通过这颗卫星联系到国内的地面站。

基于"星间链路"技术，又实现了全球的短报文功能，就是说在世界上任何一个即使没有通信塔的地方，也可以完全依靠北斗来提供通信。

2008 年，汶川发生大地震，手机信号中断，天气条件极其恶劣，救援部队历尽艰难，仅用一天左右的时间就突破死亡绝境。在进入映秀后，用北斗系统发出了百字短信息，成为第一条震中地区发出的消息，之后他们继续借助北斗发送了 74 万多条的短信息，立下奇功。

如果在海上没有手机信号，或者是灾害发生时通信受阻，只要使用接入了北斗的终端，就可以通过北斗卫星转发短报文来与外界联系。如果是在中国境内及亚太的周边地区，那么一次可以发 1000 个汉字，这意味着在海洋、荒漠、深山和极地等特殊环境下，对于搜救工作价值巨大。我国的短报文通信服务实现的是天地双向通信，而全球其他三大系统——美国的 GPS、欧洲的伽利略、俄罗斯的格洛纳斯，它们的信号只发不收，都不支持双向通信功能。

北斗的另一个特色服务就是它的高精度应用，除了天上的 30 多颗组网卫星，还在地面建了一个巨大的增强网络，国内有约 3000 个地面站。随着我国"星地一体"高精度时空服务和位置服务的不断完善，最高精度实时处理能到厘米级，事后处理最高可达毫米级。

像桥梁形变、山体塌方、泥石流等都是在毫米级位移，如果用北斗再加上一些辅助设备，就能实时进行监测，可以提前预警、转移人员，为抢救和救援赢得宝贵的时间。

北斗是全球第一个提供三频信号服务的卫星导航系统，GPS 使用的是双频信号，三频信号可以更高效地消除误差并提高解算效率，具有强大的后发优势。如今，北斗相关产品已出口至南亚、东欧、东盟、西亚和非洲的 130 余个国家和地区，依托"一带一路"倡议让全球拥有了超过 10

亿的用户和终端。比如在泰国，就有超过 2000 万辆摩托车在使用北斗系统进行定位和管理。

北斗系统这个耗时 26 年、总计将 59 颗卫星 100% 成功送上天的"中国奇迹"，其团队成员的平均年龄仅仅刚过 30 岁，主要由"80 后"和"90 后"组成，这才是中国拥有强大未来的希望，是最与众不同的地方。

什么黑科技强制卫星延迟退休？

如果用一个相对廉价的飞行器去给一颗价格昂贵的卫星延长寿命，会怎么样？

这个创意听起来还挺不错的，可是能做到吗？2021 年，有一家美国公司生产的航天器就用这样的方式让一颗价值数亿美元、已经工作了 18 年的通信卫星，延迟了 5 年左右的退休时间。

北京时间 2021 年 4 月 13 日，诺斯罗普·格鲁曼公司 (Northrop Grumman) 研制的全球第二颗在轨服务飞行器 (MEV-2) 在对地静止轨道（GEO）成功与"国际通信卫星"(Intelsat-10-02) 实现了交会对接。对接完成后，这个名为"MEV-2"的飞行器与卫星就会一直保持合体状态，飞行器把自己变成卫星的一个备用发动机，提供额外的动力来减缓卫星的轨道衰减速度，提高卫星的寿命。以这种方式连接 5 年后，"MEV-2"将继续执行下一个任务，可能与另一颗"濒死"的卫星对接。"MEV-2"的发射重量为 2875 千克，携带的推进剂可实施"太空救援"3 次，总计提供 15 年的"在轨延寿"服务。

这样的技术还是非常先进的，只不过像这样的黑科技往往是双刃剑，既然已经出现了卫星能被在轨控制的技术，那么在未来，各国的重要卫星加装类似自毁程序的装置也就会是常态了。而卫星"自爆"的场景如果真的出现，那么太空碎片也就越来越难控制了。

汽车充电 5 分钟能跑 500 千米？

····🪐····

汽车充电 5 分钟左右，能跑近 500 千米。这是谁在吹牛啊？来自以色列的一家锂离子电池公司在 2021 年真的把这种充电电池的样品展示出来了，最厉害的地方是他们真的获得了 NASA 的批准，2022 年年初在国际空间站上进行快充测试。

这么快的充电速度，有什么秘密？

比如，科研人员在电池里加入纳米材料和有机化合物层，用硅材料替代原始石墨，这一切都是为了加快离子的通过速度。当然，这样操作下来肯定也会加速电池的损耗，尤其是硅的更换频率高了，成本大幅提高。有得就会有失，关键就看怎么找到技术上的突破点，取得一个转化上的平衡。在空间站里的微重力环境下，测试和研究的结果很可能会帮助这家公司找到延长电池寿命的方法。

不过，一旦这个技术全面突破，电动车续航问题也就彻底解决了，确实很令人期待。但无论技术如何突破，消耗增大是不可避免的，未来含硅的沙子肯定是会涨价的。

太空垃圾怎么回收好？

····🪐····

2021 年，"福岛核废水排放事件"让日本声誉扫地。相比核电人，日本的航天人貌似更有情怀。2021 年 3 月，美国和中国的卫星相继爆炸和解体，也从侧面反映了太空碎片的普遍性和危害性。未来的几十年里，数以百万计的卫星将会进入地球轨道，尤其是中低轨道的卫星寿命并不长，随之会产生海量的太空垃圾。

2013 年，日本人冈田光信在新加坡成立了一家名叫 Astroscale 的太空清洁公司，专门提供太空碎片的主动清除方案。全球有不少投资人早就看好了这个市场，其中包括日本软银集团的董事长兼总裁孙正义的弟弟孙泰藏，他在 2015 年参与了 Astroscale 公司的 A 轮融资。当然，这个技术并不简单，包括日本在内的多个国家都曾尝试在太空中把一些目标送到大气层烧掉，均以失败告终。

还有不少科学家探索过一系列太空垃圾清理技术，其中包括捕网、拖帆和捕叉等。2018 年 9 月，英国萨里大学成功完成一项测试，让轨道中的"碎片清除"卫星发射捕网，并用这张网猎捕了一颗测试立方星。这是科学家首次测试太空垃圾清理技术，属于欧洲"碎片清除"任务的一部分。

2021 年 3 月 22 日，创业 8 年的 Astroscale 的首个太空垃圾清除航天器终于通过俄罗斯的火箭被送入太空。

2021 年 4 月 27 日，一家中国的商业航天公司把一个名叫"NEO-01"的航天器送入太空，验证未来实现小行星采矿的可能性。当然，这个飞行器也具有一定的清除太空垃圾的能力。

2021 年 8 月，马斯克也"吹了个牛"，他在社交账号上提出了"用 SpaceX 的星舰飞船在太空中来回飞行，用移动中的整流门粉碎垃圾"这样脑洞大开的方案。当然这也不算是信口开河，2020 年曾有人指责星链计划的卫星数量太多，会造成地球轨道的污染，当时 SpaceX 的高层就表示会发射一艘飞船，运走部分太空垃圾，如果能说到做到，还是值得表扬的。

看来，有关太空的清洁和环保问题，是时候提上日程了！

手机里有什么太空奥秘？

· · · · 🪐 · · · ·

你知道全球最早的数码照片是哪一年拍的吗？

事实上，第一个提出数码相机概念的是航天人，他们就是来自 NASA 的工程师们。1969 年 7 月，"阿波罗 11 号"的宇航员在月球上拍下了第一批数码照片，当时通过卫星发回了地球，这比 1975 年全球第一台由柯达公司生产的手持数码相机还要早上好几年。最开始，采用 CCD 芯片的图像传感器，不需要冲洗胶卷，很方便。接着，CMOS 传感器出现了，它更适合太空环境，并从 NASA 走向了广大民用市场。

后来，手机的 CMOS 迅速提升到 1 亿像素以上的水平。有一种名叫"罗马花椰菜"的植物，它有着非常特殊而复杂的形状，非常适合测试新相机。2020 年 8 月，美国能源部刚组装成功了一台世界上最强大的数码相机，就马上用罗马花椰菜来测试拍摄了，它产生了一组震惊世界的照片，是通过单次成像得到的最高像素的照片，达到了 32 亿像素。其中的一张照片，要用 378 块 4K 超高清屏幕才能完整显示，清晰度大概是能让你在 24 千米外看见一颗高尔夫球。这些成像传感器将成为位于智利的薇拉·鲁宾天文台的未来相机的核心组件，天文学家计划在这之后的 10 年内，用这台相机来绘制出天空的轮廓，揭晓宇宙中大量未知的细节，包括宇宙中的那些神秘的暗物质和暗能量。

什么样的太空工具能救命？

· · · · 🪐 · · · ·

在美国和苏联早期的太空项目中，使用的都是木质铅笔，后来一个叫保罗·费舍尔的美国人花了两年时间斥巨资进行了研制，于 1965 年成功开发了一款能在太空环境下使用的圆珠笔，也叫"太空笔"，经过严格测试后，1967 年正式被 NASA 采用。

此后，苏联也主动订购了这种笔，彻底淘汰了太空铅笔。1969 年的"阿波罗 11 号"任务，当人类首次登月成功后，阿姆斯特朗和巴兹·奥尔德林准备返回地球时，突然发现发动机的塑料手动开关被宇航服的背囊碰断了，导致登月舱无法启动发动机。眼看他俩就要被困在月球，地面指挥中心的一位工程师在危急时刻急中生智，让巴兹·奥尔德林拿出太空笔，用里面的中空笔尖去拨动开关，发动机居然就这样被成功启动了！"阿波罗 11 号"最终有惊无险地返回地球，人类的第一次登月计划顺利完成。

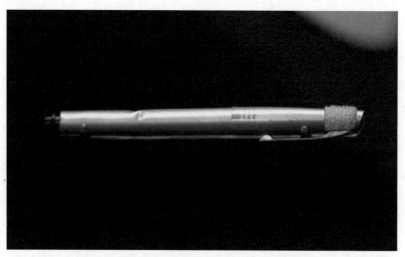

图 5.10　巴兹·奥尔德林的太空笔　来源：NASA

那一块表又有多重要？

1970 年，"阿波罗 13 号"由资深宇航员吉姆·洛威尔担任指挥官，飞往月球执行第三次登月任务。指令舱驾驶员杰克·斯威格特、登月舱驾驶员弗莱德·海斯及吉姆·洛威尔均佩戴欧米茄超霸系列专业计时表。由于任务过程中发生了储氧箱爆炸的事故，宇航员们面临着巨大的生命威胁。当时，引燃发动机的 14 秒精准计时是能否安全返航的决定性因素，在仪器损坏的危急时刻，航天员佩戴的欧米茄腕表确保了 14 秒内纠正轨道的作业精准无误，发挥了至关重要的作用，最终他们安全地返回了地球。

而翻开航天表的历史，1961 年，尤里·加加林是戴了一块苏联产的（位于莫斯科的 Poljot 表厂）非专用表（Shturmanskie）进入太空的，之后美国要求航天员必须戴表，最后只有欧米茄超霸系列通过了严格的太空环境测试。

2003 年，飞亚达成为中国航天员的专用腕表。神舟五号首次载人任务成功后，中国成为第二个能生产航天表的国家，飞亚达也跻身全球三大航天表之一。

有人说，这些是价值百亿美元的笔和表，是的，它们值这个价！

核动力火箭有多快？

····●●●····

核动力火箭有多快呢？美国国防高级研究计划局在 2020 年 10 月把1400 万美元给了一个名叫"天龙星座"的项目。乍听起来，以为就是一个多卫星组网的工程，但仔细一查，发现背后是一个军工企业，名叫"狮鹰科技"，原来这件事跟研发一款核动力火箭有关。

其实，世界上最重的"土星 5 号"火箭有 3000 多吨，但 90% 的重量来自燃料，所以它的速度已无法再提高。所以用核能作为动力，代替传统的化学能燃料的火箭，是未来火箭的一种趋势，只需几十千克就可以显著提高火箭速度，续航能力上也有无可比拟的优势。

早在 2013 年，美国人就已经在实验室对核聚变技术驱动火箭的原理进行过验证。理论上这样的动力系统有可能在 90 天之内完成飞往火星的旅程，比之前效率至少提高了一倍，这相当于别人还在坐着烧煤的绿皮火车，他们已经在体验高铁了，这个差距还是很大的。

事件真相揭秘

中国卫星解体，凶手到底是谁？东京奥运会说好的流星雨为何不见了？有人蓄意破坏国际空间站？新冠病毒真的来自太空？一起来找答案吧！

谁砸碎了中国卫星？
••••🪐••••

2021 年 3 月 23 日，我国才使用一年多的、造价超过 10 亿人民币的"云海一号 02 星"突然发生解体，产生了 21 个太空碎片。

消息一出，大家都把目光看向了美国，因为就在此事件之前的 4 天左右，美国的一颗报废气象卫星"NOAA17"发生了解体，产生了 16 个碎片，当时中美两颗卫星的轨道距离并不算远。

几个月后，一位哈佛天体物理学家——乔纳森·麦克道威尔宣布了他的最新调查结果，他认为，"云海一号 02 星"极有可能是被一个太空碎片击中了。这个碎片来自 1996 年 9 月升空的乌克兰的"天顶二号"运载火箭，它当时把俄罗斯的一颗间谍卫星送入轨道后，产生了一个 10~50 厘米宽的碎片。这个碎片一直隐藏得不错，直到 2021 年 3 月才新增到太空垃圾的目录里，编号是 48078。根据麦克道威尔的计算，在 2021 年 3 月 18 日 15 点 41 分左右，这个碎片距离"云海一号 02 星"不到 1000 米。

如果没有其他的调查结果和结论，48078 就是目前最大的嫌疑"人"了。

最猛地行星撞地球是在中国哪个县？

· · · ● · · ☄ · · · ● · · ·

有一个巨型的碗，直径 1850 米，高 150 米，你算算它能装多少粮食？其实这不是碗，而是一个巨大的陨石坑，中国科学院广州地球化学研究所与奥地利维也纳大学共同发表了一项研究成果：位于我国黑龙江省中南部的哈尔滨市依兰县境内的依兰陨石坑，是 4.9 万年前的一颗直径约 100 米的小行星以超高速撞击地球后形成的。

这相当于 1000 万吨 TNT 炸药同时爆炸，冲击波瞬间把地表下面超过 4 亿立方米的花岗岩撕碎并形成了一个巨大的碗形凹坑，也因此形成了一次生态环境大灾难。

虽然剧烈程度还比不上让恐龙灭绝的那次撞击事件，但这次也是地球近 10 万年以来发生的规模最大的一次撞击事件，这个坑的真实深度达到了 579 米。

依兰陨石坑被认证为全球唯一的一处陨石坑冰川遗址，也是地球同类型陨石坑之最，有机会大家可以去看看。

满身黄金的小行星要撞地球？

· · · ● · · ☄ · · · ● · · ·

为什么黄金又贵又保值，在古今中外都是硬通货？是因为"物以稀为贵"吗？其实并不是，经科学家测算，地球上有 60 万亿吨黄金，人均达到了 9000 吨，但 99% 以上的黄金都在地核，只有不到 1% 的黄金能开采。

那地球上的黄金又是怎么来的呢？

它们可都是来自"星星的礼物"，一次超新星爆发就会产生一个月球大小的"金球",而两颗中子星相撞能产生一个木星大小的"黄金大块头",还有一些是远古时期的大规模陨石雨带来的,这些都是宇宙级别的"恐怖事件",产生的黄金之多难以估计。现在,漂浮在地球附近的黄金小行星不计其数。

这不,有一颗富含铂金和黄金的小行星,正朝着地球飞奔而来,它直径为 500 米左右,虽然只有导致恐龙灭绝的那颗小行星的二十分之一,但如果直接撞上地球仍然是毁灭性的,相当于 30 亿吨 TNT 炸药同时爆炸。

更关键的是,NASA 在更新轨迹预测后,这颗小行星撞上地球的概率竟然提高了 35%。虽然概率并没有那么高,但一千七百五十分之一的概率可比中大奖要容易多了,人类不提前准备还真是不行。

图 5.11 "奥西里斯号"于 2018 年 12 月 3 日拍摄到的小行星"贝努" 来源:NASA

2016 年 9 月，NASA 发射了一枚名叫"奥西里斯 –REx"的小行星探测器，2018 年 12 月到达"贝努"小行星的上空，2020 年 10 月降落在"贝努"上并完成了采样，这个探测器在 2023 年 10 月会把土壤样本送回地球。

不过，"贝努"其实要到 2135 年才能靠近地球，也许到了那个时候，人类的科技早已有应对它的办法。现在有一个中国科学院公布的方案或许可行：连续发射 23 枚"长征五号"火箭去撞击"贝努"，有机会在关键时刻让它的轨道发生偏移。

美国宇航员蓄意破坏 ISS？

·····🪐·····

2018 年，国际空间站的俄罗斯舱段频频出现漏气事件，2021 年 7 月底，俄罗斯"科学号"实验舱的突发故障，让国际空间站翻了一个 540° 的"大跟头"。于是俄罗斯要"搞垮国际空间站，然后自建空间站"的消息甚嚣尘上。

然而，2021 年 8 月，俄罗斯国家通讯社——塔斯社发布了一个重磅消息，指责美国宇航员塞丽娜·奥农·钱赛勒就是 2018 年俄罗斯联盟飞船漏气事件中的"罪魁祸首"。照这个说法，真正要破坏国际空间站的，居然是美国人？

那到底发生了什么呢？

2018 年 8 月 29 日，监控系统警告空间站出现异常减压，俄罗斯航天员随后检查发现，"联盟 MS-09"飞船的生活舱上出现了一个直径 2 毫米的孔洞，这个孔洞在后续被认定竟然是人为从内向外钻通的。

之所以指名道姓的认定是这位美国宇航员，是认为本是医生的钱赛勒当时的心理状况和情绪出现了异常，于是试图通过破坏飞船来触发紧急撤离的机制，这样就可以提前结束任务返回地球。

俄罗斯在调查中一共发现了 8 个钻孔的痕迹，只有一个孔被钻通，孔洞的周围有工具留下的大量划痕，钻孔位置也显得非常不专业，看上去是不熟悉"联盟号"飞船结构的人在一种失重的状态下干的，俄罗斯方面显然不认为是他们自己人所为。

事发后，俄罗斯宇航员全部通过了测谎测试，而美方人员则拒绝进行测谎。由于事发时，俄美舱段交界的地方摄像机竟然没开，也查不清是谁关掉的，俄方也没办法查看美国舱段的工具来核实情况。

后来，NASA 对塔斯社的报道进行了回应，出乎所有人的意料，美方没有对这个重大指控有什么激烈的回应，显得非常平和，说了几句无关痛痒的话，并以保护宇航员的隐私为由，拒绝谈论涉及机组成员的医疗信息。此举没有给出任何答案，反倒是引发了更多的问题。

但美国知名媒体"科技艺术"还是发文进行了反击，文章认为，对NASA 宇航员塞丽娜·奥农·钱赛勒的指控是极具诽谤性的，是彻头彻尾的捏造。因为塔斯社发文前的半个月，俄罗斯"科学号"实验舱与国际空间站的对接过程中发生了极其危险的情况，空间站翻了一个"大跟头"，俄方指责美国宇航员的目的就是在闯下大祸后转移视线。

在那次近乎灾难的意外之后，美国的很多媒体包括"科技艺术"都对俄罗斯提出了严厉的批评，也对美俄两国的航天合作前景提出了质疑。塔斯社在这个背景下的发文，被认为是欲盖弥彰，想借此消除"科学号"造成的恶劣影响，逃避责任。

双方争议的焦点是这位宇航员的病情，因为钱赛勒回到地球后，在一篇科学论文中叙述了全球首例在轨发生的"深静脉栓塞"病例，这个病例恰恰就是钱赛勒本人。俄方认为，这个疾病很可能诱发了她的"急性心理危急"，导致这位当时在国际空间站上的唯一女性，试图通过各种方法来达到加速返回地面的目的。

俄罗斯方面还声称，为了拿到更多的数据，两名俄方宇航员于 2018年 12 月做了一次引人注目的太空行走，利用刀具切开了飞船的外部隔热材料，提取了孔洞所在部位的样品，并拍摄了泄漏点外部的高清图像和视频，以帮助俄方调查人员找到孔洞形成的真实原因。

随后，包括钱赛勒在内的 3 名宇航员在 2018 年 12 月底，继续乘坐那艘俄罗斯飞船安全回到了地球。据钱赛勒事后发布的文章，她返航前，已成功治愈自己的在轨健康问题。

当然，也有业内人士认为，可能是一位俄罗斯方面的技术人员在地面就不小心弄坏了"联盟号"飞船，然后采用某种强力胶进行了修补，这个临时补丁混过了地面上的真空罐测试，后来在长时间的轨道飞行中最终失效，从而导致了漏气事件。

双方各执一词，又都拿不出足够的证据，看来，这场太空争论会一直持续下去了。

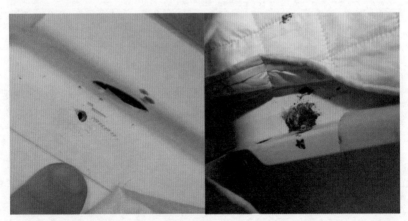

图 5.12　国际空间站出现的孔洞　来源：俄罗斯航天局

东京奥运的流星雨哪儿去了？

····🪐····

2020 东京奥运会推迟到 2021 年才进行，在筹备之初，日本曾策划过一场"人造流星雨"的表演。

一家日本的初创企业研发了一套名为"Sky Canvas"的人工流星雨来取代传统的烟花表演。就是用卫星将一些豌豆大小的颗粒送入太空，之后再把它们一颗颗发射回地球，这些由特殊的化学物质做成的小球会在大气层里燃烧并发光，比自然流星更亮，时间也更长一点。

可惜日本于 2019 年 12 月发射升空的那颗卫星出了事故，导致流星雨在本次的开幕式上未能出现。

"亚丁湾星门事件"为何难解密？

····🪐····

2010 年 11 月，一则神秘事件让亚丁湾地区成为世界焦点。2010 年 11 月 14 日至 15 日上午 11 时，亚丁湾连续发生了 62 次地震，有 20 多个国家派遣军舰和科学家前往此地。各国众口一词，未解释出兵原因，统一宣称是为了打击索马里海盗，但有科学家透露，这是一个十分秘密的事件。

因为真相不得而知，引发了网络上的大讨论，阴谋论者大肆传言亚丁湾上空的星门开启，宇宙"洞察者"和怪兽在门后现身，这一事件后来被称为"亚丁湾星门事件"。

网友们认为，连续地震是宇宙星门开启的有利证据，并且各国打击海盗根本无须科学家一同前往。每年海盗造成的损失约 1 亿美元，但各国此次派去护航的航母、军舰、坦克等所产生的军费却远远超出了数十亿美元。

有民间组织声称在亚丁湾地震的当天记录到诡异的磁场，还有人借机传言位于亚丁湾的"星际之门"打开后，有不属于地球的异度空间生物跑了出来。总之，众说纷纭，却无任何国家和权威机构对此事解密。

至今，这个问题也没有答案。

恐龙灭绝后才有人类诞生？

在 6600 万年前的某个傍晚，天空中出现了一颗类似星星的东西，一两个小时后，它越来越亮。它不是某颗恒星，而是一颗小行星，它正以每秒 20 千米的速度向地球飞来。

60 个小时后，这颗小行星撞上了地球。小行星在地球的大气中打开了一条通道，同时制造出超声速的冲击波，撞击的位置就在今天的墨西哥南部的尤卡坦半岛附近。

从那一刻起，地球的命运被彻底改变了。

这颗小行星直径不小于 9.6 千米，在击中地球的两分钟内，它砸出了一个宽约 160 千米、深约 20 千米的陨石坑，向空中抛出了 25 万亿吨的碎屑，地壳的作用力也在反弹，一座比珠穆朗玛峰还高的山峰迅速升起。

这个撞击释放的能量超过了 10 亿枚广岛原子弹同时爆炸所产生的能量。而破坏才刚刚开始，撞击和燃烧产生的尘埃和灰烬使阳光完全消失了，太阳几个月都无法照射到地球表面，还引发了全球性的酸雨，光合作用几乎停止，大部分植物死亡，海洋中的浮游植物灭绝，使大气中的氧气急剧减少。

之后，地球进入了一个非常寒冷甚至深度冰冻的时期。在海洋和陆地，地球上最基本的两条食物链双双断裂了，地球上死亡的生物个体超过了 99.9%，其中就包括当时的"地球霸主"——恐龙。

要知道，地球上之前可是遍布着超过 1000 种恐龙。只不过，这次撞击不仅没有消灭地球上所有的生命，甚至都没有影响到生命的恢复。在"恐龙灭绝"事件后不久，陨石坑地带的生命就开始迅速地复原，只用了不到 3 万年，就还原了多样化的物种和一个高效率的生态平衡系统。

现有的化石数据表明，当时所有体型比浣熊大的动物都无法存活，而体型小的物种因为群体数量更多、吃得更少，也更容易繁殖后代，所以存活了下来。

如果从这个角度看，似乎没有这颗小行星，地球到现在还是巨型动物的世界，人类也很难诞生。

新冠病毒来自太空？

2020 年 3 月，英国的天体生物学家维克拉马辛格声称，当下正在全球肆虐的新冠病毒，并不是来自地球上的所谓蝙蝠之类的动物，而是来自于太空中的流星！这番言论马上引起了轩然大波。

没想到这位外国专家居然把新冠病毒的"锅"甩到了外太空。

维克拉马辛格认为，新冠病毒来自 2019 年 10 月在中国爆炸的一颗流星，是它造成了武汉新冠肺炎疫情的暴发。还有不少病毒随着这次爆炸被卷入平流层的气流中，导致病毒随着盛行风在北纬 40°~60° 的各个国家中传播和扩散，这就能解释为何这些国家的疫情最为严重了。

当然，可以确认的是在 2019 年 10 月，在我国的上空的确发生过一起流星空爆事件。

但是，对于维克拉马辛格的这个观点，许多科学家表示反对，称其毫无依据。伦敦大学传染病专家米尼克·斯帕克斯表示，新冠病毒并非源自流星的最有力的证据是，它与其他已知的冠状病毒高度相似，如 2003 年的 SARS（严重急性呼吸综合征），以及 2012 年的 MERS（中东呼吸综合征）。

美国天体生物学家格雷厄姆·刘则强调，新冠病毒不太可能在漫长的太空旅行中或在陨石及流星的坠落过程中存活下来感染人类，这个说法纯属无稽之谈。

而香港天文台前台长林超英则表示，即使这种病毒可以通过空气传播，在随风飘荡几千米后，也会被稀释，基本可以忽略不计。

其实，翻开维克拉马辛格的历史发言，会发现一些规律：此人曾断言 1918 年的流感大流行，以及 2003 年的 SARS 都是来自太空。

此外，维克拉马辛格也是"宇宙胚种说"的拥护者，这一学说认为通过彗星、陨石撞击地球，可以把外星生命带来地球，而人类很可能也是来自太空的外星物种。

根据目前掌握的情况，"太空病毒说"缺乏科学依据，更没有证据。

美国的 UFO 报告到底是什么？

2021 年 6 月，美国国防部的一份报告无意中泄露了含有疑似 UFO 的视频及图像，一个类似金字塔形的不明飞行物在 2019 年被"罗素号"驱逐舰上的海军军官用夜视设备拍了下来。

报告明确指出这不是美军产品或者秘密项目，也不是外国军队所有，因为这些物体的运动方式和形状不符合空气动力学，虽然最终落入水中，也没有被海军寻获。

而五角大楼证实了报告和视频的真实性，并表示正在调查中。

这已经不是第一次了，美国军方在 2020 年 9 月就极为罕见地公开过 3 段海军目击 UFO 的视频，但都没有了下文。

从 2004 年到 2021 年，五角大楼有 144 起被记录的目击 UFO 事件，只有一个被证实为是正在泄气的巨大气球，其他 143 起则无所考究，而且大部分是美国海军的战斗机在高空偶遇的，既没有被攻击，又没有一次追上过这些神秘物体。

让人期待已久的报告出炉后，人们的第一感觉就是，这又是美国军方吸引民众注意力，借机找国会要钱的惯用方法。外星人在哪儿根本不重要，只要国会能痛快给钱发展军事和科技就好了。

至于这些 UFO，可能是大鸟，或者是无人侦察机，也可能是某些不按常理运动的飞行器，如漏气的气球，或者是像球形闪电一样的根本抓不到的大气现象。

上太空要买保险吗？

在 2021 年 7 月的一个月里，就有两位顶级富豪布兰森、贝索斯先后去天上转了一圈，为了能让自家的太空旅游产品大卖。

已经 71 岁的布兰森首次上太空时带的是 5 位同事，而贝索斯虽然被抢了先，但所呈现出来的冒险精神可一点也没输。除了叫上自己的亲弟弟，贝索斯还请出了 82 岁的传奇女飞行员沃利·芬克和 18 岁的荷兰少年奥利弗·戴门，组成了"全球最有钱、年纪最大和年龄最小"的"神奇四侠"团队。大家禁不住会问，去太空到底危险吗？怎么这么多人都要去。

答案是肯定的，要知道，历史上因为上太空这件事情，已经牺牲了至少 21 位宇航员或飞行员。

一旦出现重大的航天事故，后果都是毁灭性的。比如，美国的"挑战者号"和"哥伦比亚号"航天飞机的两次重大事故一共造成了14名宇航员丧生，也彻底改变了国际航天业的发展进程，直接导致航天飞机逐步退出历史舞台。

相比航空二十万分之一的死亡率，航天的失事率显然比航空要高不少。

不过，随着航天技术的进步和成熟，事故率也在大幅降低。近20年来，只有布兰森的维珍银河在2014年的一次试飞中出现过飞行员一死一伤的情况。

话说回来，如果不是因为这次事故，维珍银河的太空旅游商业化进程至少可以提前5年实现。

太空旅行的风险都在哪些地方呢？首先是缺乏安全法规和规范，为了加速产业的发展，2004年美国国会发布了一个商用太空发射修正法案，把太空旅行的安全性全权交付企业自理。

那么相应的，企业基于成本的考虑，肯定会降低在乘客人身安全上的投入，如会表现在飞行器的测试次数大幅低于飞机，飞行器不配备逃生和逃逸装置，医疗设施和急救措施几乎没有，企业会要求乘客签署免责条约等多个方面。

甚至，保险公司认为太空旅游涉及很多高风险因素，不愿意承保相关业务，还没有人为此类行为购买过保险。

不过，2021年8月，有监管机构表示很快就会强制要求提供太空旅行的保险，只要有足够的火箭发射数据，就可以让经纪人为这类保单定价了。

俄罗斯为何要用中国火箭？

2021年5月，俄罗斯搞了个超级大新闻。据俄罗斯航天集团的执行总监亚历山大·布洛申科的说法，他们打算用中国的超重型运载火箭发射俄罗斯的登月载人飞船。这一下可震惊了全世界。

为什么这么说呢？要知道当年的苏联可是处处与美国争夺太空第一而且屡屡获胜的一方，要不是美国在 1969 年人类首次登月计划上大获全胜，风头还真是被苏联死死盖住。没想到世界上最会造火箭的"老大哥"现在居然要向中国航天寻求帮助了。

这里面最主要的原因就是俄罗斯目前正在为载人登月任务建造的"叶尼塞"超重型运载火箭和"鹰"号载人飞船的项目进展十分缓慢，这款火箭的首飞可能 2027 年都实现不了，更没可能在 2030 年左右实现载人登月的计划。

眼看中国的长征火箭家族越来越庞大，甚至连天宫空间站也将要在 2022 年组建完成，找中国航天来做援军，确实是当下最理想的方案了。

早在 2020 年 7 月，中国和俄罗斯两国航天机构就确定了国际月球科研站的合作。2021 年 3 月，中俄签署《中华人民共和国政府和俄罗斯联邦政府关于合作建设国际月球科研站的谅解备忘录》。2021 年 4 月 23 日，中国国家航天局和俄罗斯国家航天集团公司联合主办的国际月球科研站宣介会在南京召开，中俄双方共同发布《中国国家航天局和俄罗斯国家航天集团公司关于合作建设国际月球科研站的联合声明》，中俄共同制定了建造国际月球科研站的路线图，并在建造国际月球科研站项目的规划、论证、设计、研制、实施和运营等方面开展紧密协作。

美国卫星证实了"祝融号"的移动？

2021 年，中国的"天问一号"探测器带着"祝融号"火星车成功完成了"绕落巡"三大任务，标志着我国首次火星探测任务取得圆满成功。

国家航天局还公布了由"祝融号"拍摄的着陆点全景、火星地形地貌、"中国印迹"和"着巡合影"等高清影像图，尤其是火星车与着陆平台的那张合影，就是释放了车底部的分离 Wi-Fi 相机后拍摄的。

此外，美国鼎鼎大名的一台环绕火星的、已工作快 16 年的勘测轨道飞行器（MRO）也拍摄到了"祝融号"着陆点附近的画面。经美国亚利桑那大学的一个团队证实，"祝融号"在火星地面上留下了明显的痕迹，它已离开"天问一号"着陆器向南方行走了一段距离。

这也不得不让全世界佩服，中国首次到火星上就能成功"飙车"。

图 5.13　美国勘测轨道飞行器（MRO）拍摄"祝融号"着陆点　来源：NASA

在太空拨打电话必须小心？

"你好，是地球吗？"当你接到这样的电话，先别着急挂，这可能不是恶作剧，而是真的从空间站里拨过来的。

2015 年，国际空间站的英国宇航员蒂莫西·皮克在给父母拨电话时，拨错了一个号码，电话被另一个家庭接听，当他说了这句玩笑话后，引发了一点小恐慌，后来蒂莫西·皮克在社交媒体上公开道歉了。

当然，这并不是宇航员第一次在太空上打电话出状况了。在国际空间站打电话是需要先拨 9 再按 011 的。2012 年，一名荷兰宇航员安德烈·凯珀斯不小心在太空按错了号码并拨通了 911，导致 FBI（探员）为追踪这个神秘的电话，居然直接闯进了休斯敦航天中心连接了这通太空电话的一个空房间。

进去以后才发现，这个人居然真的是在太空里。就这样，凯珀斯闹出了世界航天史上最大的"太空拨号之乌龙事件"。

地球非常危险

明确地说，保护地球已刻不容缓。在未来 10 年，地球的极端天气将成为常态，极寒、高温、暴雨等现象将轮番出现，一个个超级大冰山正加速融化，海平面升高将和月球摆动周期联合"作恶"，这是为什么呢？还有，"贝努"小行星也有撞到地球的风险，我们有没有办法应对？

地球每年"吃土"5200 吨？

划过天际的流星到底都是些什么呢？很多人或许知道答案，流星主要是星际尘埃落入大气层时产生的，流星雨也主要是来自"长尾巴"的彗星。

但你绝对没想到，为了弄清楚地球每年要接收多少这样的微陨石，一群来自法国的科学家们竟然花了 20 年时间，通过逐年收集在南极心脏地带的地面灰尘进行统计，因为南极有足够干净的地面。2021 年，科研团队通过这些样本估算出了一个结果：每年大约有 5200 吨外星物质来到地球，80% 来自彗星，其余的来自小行星。

至于大陨石和报废的人造卫星，直接忽略就好了，因为它们加起来每年平均连 10 吨都不到。

图 5.14　流星雨艺术图　来源：Ivilin Stoyanov

火流星能毁灭人类？

2020 年年底，一颗火流星划过青海和西藏交界的高空，高亮度的持续时间长达 29 秒，震惊了全世界。

根据数据记录，科学家发现这是一颗超级陨石，进入大气层后的重量应该超过了 10 吨。所幸，流星体在高空完成了爆裂，否则后果不堪设想。当时的威力已超过了半颗广岛原子弹，空中冲击波传到地面产生震动的结果被中国地震台网记录，玉树上空出现的彩云也证实了陨石已在空中碎裂。

有专家认为，这颗陨石比 2013 年 2 月 15 日在俄罗斯车里雅宾斯克地区上空爆炸的一颗阿波罗小行星的尺寸更大，但俄罗斯的那次事件造成的后果却是十分严重的。由于爆炸的位置更接近地面，大约有 1500 人受伤，7000 座建筑物受损，威力相当于 30 颗广岛原子弹。更可怕的是，人类目前还没有能力防住这样的小行星的撞击。

长征五号能撞开小行星？

虽然巨型小行星撞击地球的概率微乎其微，比中大奖还要低很多，但人类总绕不开 6600 万年前的恐龙灭绝事件。

一旦危险真的来临，我们就没有什么办法自救吗？2021 年，中科院的一项研究表明，使用"长征五号"火箭连续去撞击可能危及地球的小行星，或许能有所作用。

这个方案叫"末级击石"，火箭进入深空逃逸轨道后，末级与航天器不实施分离，充分利用组合体来提升冲击的动量。

通过计算，如果用 23 枚"长征五号"火箭去持续冲击直径 492 米的"贝努"小行星，就能让它稍微改变轨道，与地球擦肩而过。

这与美国 2018 年提出的，使用 75 枚"德尔塔 Ⅳ"重型火箭持续撞击来袭的小行星的方案相比，无论是火箭数量、总体成本还是准备时间，中国方案都是完胜。

同时，美国的方案需要 25 年的预警时间，而中国的只需要 10 年。

地球九大极限是什么?

• • • • 🪐 • • • •

霍金曾预言地球人大概还有 200 年的时间来找到外星生存地。现在看来,这个计划得提前了,因为地球生态系统已经接近韧性的极限。

2020 年最新的科学研究发现:全球变暖不光是让海洋系统的平均温度升高,"热浪"现象已经涉及陆地湖泊。

欧洲航天局通过模型计算后发现,到 2099 年,湖泊的平均升温可能超过 5℃,甚至有些湖泊会变成永久性升温。

这就说明,淡水物种也将开始加速灭绝。此前,海洋的热浪现象已经让海藻林、海草床和珊瑚礁逐渐消失。

如今,地球生态系统的九大极限已经有半数越过,这九大极限包括臭氧破坏、生物多样性丧失、化学污染与全新物质、气候变化、海洋酸化、全球淡水使用与水循环、土地用途变更、氮循环和磷循环、悬浮微粒负载。

其中,气候变化、生物多样性丧失、土地用途变更、化学污染等方面已经超过极限值,地球的生存空间已经在恶化了,你还不打算重视环境问题吗?

地球的极寒是怎么来的?

• • • • 🪐 • • • •

有科学家认为,2020 年年底至 2021 年年初气温突遇极寒模式,是因为太阳黑子活动进入一个低迷周期,这个现象曾被称为"小冰河时期",在我国明朝末年曾经出现过,确实符合英国科学家对太阳磁能数学模型的推演。

但 NASA 官方则提出了一个不同的观点,他们认为人类的排放造成的"温室效应"才是罪魁祸首。北极地区冰盖的体积，近30年减少了20%，导致海面暖湿气流向寒冷的高空移动，北半球大陆地区的气温急速下降。

当然，这需要更多的数据来证实。但可以肯定的是，未来极端的冷热交替天气将成为常态，保护好环境，比任何事情都重要！

夏季长达180天？

180天的夏季你体验过吗？2021年1月，我们经历了一个最极端的冬天，"拉尼娜"现象让很多地方出现了前所未有的低温。

但全球变暖的趋势似乎已不可阻挡，地球的四季正在发生恐怖的变化。

一个史上最热的夏季即将到来，现在夏季已经比70年前要长很多了，接下来只会更长。再过几十年，一年将有一半都是炎热的夏季。

中科院的科学家管玉平认为，炎热的春天和五月的下雪天将不仅仅是偶然的现象，地球的气候正在快速变化，四季都可能错乱。这不是危言耸听，包括美国地球物理学会在内的专业组织在2021年发表的论文都在警告。

之后的几十年里，地球会有更多可怕的事情发生，如依托季节更替的迁徙鸟类和开花植物将面临严重的生存挑战，农作物会大量减产甚至绝收，北极圈内的热浪和野火将成为常态。而在过去两年发生的野火比过去10年发生的总和还要多。

换句话说，环境污染问题才是当前世界上最大的危机，需要全人类共同重视和努力。有人说，咱们不是在探索火星和其他星球吗？都醒醒吧！太空探索是为未来寻求更多希望，但在几十年内，人类根本不可能大量移居到别的星球，保护地球才是目前最应该做的。

月球导致海边很危险？

••••𝔊••••

你可能没想过，距离地球至少 30 万千米的月球，居然能让地球人流离失所。不管你信不信，危险正在逼近！

我们都知道，地球上的潮汐现象主要因月球的引力而起。但你可能不知道，每隔 18.6 年，月球会完成一次摆动周期，因为轨道位置和作用力的方向变化，引力会出现高潮和低潮，这个周期也被称为"月球停变期"。

这本来只是个自然现象，但 NASA 2021 年的最新研究表明，月球这次的摆动周期将与全球变暖导致的海平面上升现象相结合，未来的 10 年会逐步达到顶峰，尤其是洪水事件会成群出现，能持续一个月甚至更久的时间，沿海城市可能每天都要面对一次涨潮洪水的袭击。

一直到 2030 年，海边只会越来越危险，早点做好准备吧！

河南超级暴雨竟然是因为它？

••••𝔊••••

2021 年 7 月发生的河南暴雨到底有多大，相信大家都有所耳闻，而 6 号台风"烟花"被认为是这场灾难的罪魁祸首。

可"烟花"于 2021 年 7 月 18 日才生成，当时还是一个小台风的它，怎么可能这么猛呢？因为"烟花"把太平洋吹来的东南风里面饱含的水汽汇聚了起来，然后一把倾倒在了河南。可根本原因是什么呢？

2021 年 6 月底，美国和加拿大多个城市的最高温不断被刷新，差不多达到了 50℃，甚至电缆都熔化了，有 600 多人因高温猝死，是往年同期的 3 倍以上。这就是"热穹顶"现象，也就是说，某个区域的上空停滞着热高气压，像盖子一样罩着，热量聚集无法逃逸，致使天气暴热。

而正是这个现象影响到了我国，让副热带高气压带出现了异常"北漂"，从东南沿海北移到了华北平原，也就是河南。

虽然事情已经过去了，但在全球变暖的大背景下，极端天气和罕见现象会持续不断地出现，保护环境、保护地球已经刻不容缓。

地球又烧掉了 5300 万条轮胎？

•••••••••••

大家应该都见过塑料、泡沫、橡胶这些东西烧焦的样子吧？难闻、有毒这些词应该会马上充斥在你的脑海里。

如果我告诉你，有 5300 万条轮胎被烧掉，你觉得会造成多大的污染呢？我们先用卫星来看看世界上最大的废旧轮胎回收场吧。位于中东地区的科威特苏来比亚，废旧轮胎比三层楼还高，占用面积 60 万平方米，相当于 84 个足球场。

这里的一场大火导致 5300 万条废旧轮胎面临被烧光的结局，橡胶燃烧的黑烟中含大量致癌物和有毒物，如有苯环化合物和硫化物。但更可怕的是会导致大气中漂浮着大量的黑色颗粒，最后会通过降雨又回到地面，也就是出现传说中的"黑雨"，淋在身上就像浇了石油，非常难洗掉。

其实，这事在 1999 年就发生过一次。美国加州的一个轮胎回收场也是被大火烧光，上千米的高空黑烟滚滚，附近也是下了大量"黑雨"，污染了多处水源。

烧掉的 700 万条轮胎，当时产生了 3500 吨有毒物质和 100 多吨致癌物，对当地环境产生了长达数年的不利影响。

而科威特的轮胎总量是当年美国的近 8 倍，是不是想想都毛骨悚然？这样一个沙漠地区的国家，水源是不充足的，灭火是不是会更困难？好在，这样的大火产生的主要是油脂，不能用水来灭这种火，当地消防人员通过清理出隔离带来降低火灾的蔓延。但无论如何，污染都产生了，只是地球的环境真的已经不能再容忍这样的伤害了。

世界最大冰山已融化？

····◯····

百年不遇的北美高温、千年不遇的河南强降雨、熊熊燃烧的土耳其、希腊山火等，这是在 2021 年的两个月内发生的事情，人们普遍反映气候越来越反常，灾害越来越频繁，大自然越来越可怕。

其实，这仅仅是某一个阶段的开始。不是危言耸听，在未来 10 年，全球平均气温会上升 1.5℃，这比之前预测的要早 10 年。

而一切的罪魁祸首就是我们人类自己！联合国 2021 年 8 月发布的一份重磅报告表明：人类行为所造成的最严重后果就是全球的气候变暖已无可避免并不可逆转，强降雨事件更加强烈和频繁，致命高温此起彼伏，冰层会加速融化，海平面将持续上升。

2021 年 6 月，有一座冰山"A-76"从南极冰架上断开了，欧洲的 C 波段合成孔径雷达卫星"哨兵 1 号"通过其双星系统确认，这个长约 173 千米、宽 25 千米的大家伙相当于 4 个香港，是目前世界上最大的冰山。

科学家们当时就警告，近 30 年来，南极洲上的冰山融化和崩塌现象大大加剧，冰的融化速度也处于历史平均水平的 100 倍，这正是因为碳排放引发的温室效应越来越明显。

但这座冰山真的很大吗？

在"A-76"之前，其实还有一个 6000 平方千米的"A-68"冰山，"A-76"得加上一个厦门才能跟"A-68"一较高下，但"A-68"这个"前世界最大"在 2021 年 4 月的时候已经融化了。你肯定想不到，这个巨无霸冰山从出现到融化仅用了 3 年多时间。要知道，"A-76"融化的水能够灌满 180 多个太湖，那"A-68"冰山融化的水得有多少呢？

CHAPTER 06
结语

人类在好奇心的驱使下不断探索星辰大海，
在过去短短数十年里，
航天业取得飞速的发展，
不久的将来，人类会成为"多星球物种"，
太空旅行、太空采矿也将变成常态。

关于人类的行动

一直以来，星辰和大海都是很多人的理想。在历史上，无论是科学家还是哲学家，他们都在为研究客观世界的普遍规律努力着，而很多时候，人类是通过不断地认识浩瀚的宇宙，才逐步形成了思想体系和理论基础。

在过去短短数十年里，资源的不断获取和利用，科技的不断发展和进步，认知的不断更新和提高等，其实都没有离开航天业的持续突破。

1791年，自行车的雏形出现，人们开始利用机械助力；1903年，空气动力学进入大众视野，莱特兄弟的飞机试飞成功；1926年，世界上第一枚液体火箭被发射；1957年，第一颗人造卫星升空；1969年，人类首次踏足月球；2000年，第一批宇航员进驻国际空间站；2021年，71岁的布兰森和57岁的贝索斯先后乘坐自家的飞行器到亚轨道的太空边缘走了一遭，其中贝索斯还带上了年龄最大的82岁传奇女飞行员沃利·芬克、最年轻的仅18岁的学生奥利弗·戴门，一举突破历史。但仅3个月不到，82岁上太空的纪录就被改写了，90岁的"柯克船长"威廉·夏特纳也坐上了"新谢泼德号"完成了自己的亚轨道之旅。

或许不用等到 2030 年，就会出现一批在月球科考基地里常驻的地球人，火星也将迎来第一组来自地球的访客。他们的勇气和动力都是来自内心的不安分和对未知世界的好奇，不安分的人中当然包括马斯克、布兰森、贝索斯这样的大玩家，但更多的是默默关注着人类科技事业的普通人。

然而，商业航天也为更多的普通民众提供了机会，越来越多的非科学工作者体验了亚轨道飞行，甚至进入空间站里生活。

日本富翁前泽友作和小伙伴们的绕月旅行也已提上日程，火星女孩艾莉莎·卡森为成为第一批火星上的地球人甚至提前准备了十多年，而要想成为马斯克所说的"多星球物种"，星际旅行将成为人类的必修课。

想想看吧，航天从一开始的探索和科研需求，到通信、导航、遥感的三大卫星应用，直至建设卫星星座、空间站等太空基础设施并研发可回收火箭，甚至后来用卫星看直播、发布广告、制造流星雨及拍摄太空主题大片等，天上的文化和娱乐也成了一种刚需。

别的不说，连太空殡葬业也已经有 20 多年的历史了，清除太空垃圾也正在成为一门不错的生意，太空采矿技术也将会用在一颗颗价值连城的地球附近的黄金小行星上。

关于人类的
视野

人类的视野，当然是从肉眼开始的，后来有了望远镜，可以把远处的东西看得更清楚。

不过，光有几百上千米的眼神优势，用来打仗还不错，但用来满足人类的好奇心还远远不够，更大更远的需求自然是来自于头顶更广阔的星空。于是，天文望远镜出现了，在伽利略等先人的观测下，人们比以前更了解太阳，也认识了更多地球以外的星星。

1963 年，阿雷西博望远镜横空出世，305 米的球面天线直径不只是令人赞叹，也让人类对于宇宙的认知从此上了一个新的台阶。

有意思的是，阿雷西博望远镜所在的地区——波多黎各岛也迎来了全世界各行各业的参观者，不少制片人、大导演和影视明星也时常造访这里，好几部大片都在这里拍摄或以这里为背景。这一切也让航天、旅游和影视等行业因为这一片星空结下了不解之缘。

后来，通过阿雷西博望远镜在 1974 年观测到第一个射电脉冲双星系统的泰勒和赫尔斯两位学者，花了近 20 年的时间，成功证实了引力波的存在。1993 年，他俩一举拿下了诺贝尔物理学奖，也算是颁给了这位"逝世"于 2020 年岁末的传奇射电望远镜一个终身成就奖。

2021 年，人类迎来了史上最大规模的"500 米口径球面射电望远镜"，也就是位于我国贵州的"中国天眼 FAST"。FAST 已正式面向全球开放，并允许全世界的科学家提交观测申请。

当然，人类不会满足于把望远镜放在地球上。在 550 千米的地球轨道上工作了 31 年的哈勃空间望远镜，为人类的太空探索贡献了全新的高

286

度和广度。

不夸张地说，如果没有哈勃空间望远镜，我们很难了解到宇宙至今还在膨胀着，并且是已经超过 137 亿岁的年龄；如果没有哈勃空间望远镜，我们现在也发现不了宇宙中还有这样的神奇结构——爱因斯坦环，这个发现证实了"引力透镜"的存在，也就是爱因斯坦在 1915 年的一个预言——"引力不仅会让光线弯曲，还会让时空也发生弯曲"。这或许就是科学家的伟大之处，后人要用 100 年后的科学事实来证明那个当时看上去像是无稽之谈的理论竟然无比正确。

无独有偶，2019 年，全球最大的天文事件莫过于人类首次拍到黑洞照片，事件视界望远镜（EHT）发布了 5500 万光年之外，位于 M87 星系中心的黑洞的照片。这个拍摄计划于 2017 年 4 月启动，历时两年多，共处理了 4PB 的数据，完成了所有的后续工作后，才能获得这个伟大的成果。

要知道过去的几十年里，虽然公布了一大堆有关黑洞的观测数据和各种所谓的照片，但都是黑洞周围的气体或其他物质，仅凭这些证据，甚至都不能确定黑洞是否存在。

换句话说，人类要想拍摄到黑洞，需要一架分辨能力比哈勃空间望远镜高 2000 倍左右的望远镜。为了实现地表观测达到最高角分辨率，EHT 采用了一种叫"VLB"的技术，让天文学家利用位于地球不同大洲、不同位置的 8 台射电望远镜，在同一时间对同一目标进行观测并分别记录，事后通过计算机技术来整合得到图像。

由南极望远镜（SPT）、智利的阿塔卡马大型毫米波阵（ALMA）、智利的阿塔卡马探路者实验望远镜（APEX）、墨西哥的大型毫米波望远镜（LMT）、西班牙射电天文台的 30 米口径毫米波望远镜（IRAM）、美国亚利桑那州的亚毫米波望远镜（SMT）、美国夏威夷的次毫米波阵列望

看得见看不见
的太空

远镜（SMA）、美国夏威夷的麦克斯韦望远镜（JCMT）组成的超级观测
阵列，分辨能力已远超所有的光学望远镜，最终把黑洞的真实形象曝光于
天下。这个作品不仅让人类首次一睹了黑洞的真容，同时进一步印证了霍
金提出的"黑洞无毛定理"，也进一步验证了爱因斯坦的"广义相对论"，
确实是个伟大的创举。

关于人类的
连接

人与人的沟通先是从语言和文字，后来有了社交，于是各种通信方式、通信工具等不断被创造和发明，有线电话、无线电报、卫星广播和电视逐步进入了人们的生活。

再后来，计算机也开始普及，当大部分计算机被连接起来时，产生了互联网；当把手机和各种微型终端连接起来时，又出现了移动互联网；当把各种传感器和终端设备整合并入云平台时，基于大数据时代的物联网又诞生了。

但这一切还远远不够，还有无数高山、海洋、沙漠等各种无人区成了一个个死角，对讲机、卫星电话、北斗系统成了为数不多的通信沟通方案。

其实，当天上有足够多数量的卫星时，这些问题就会迎刃而解。于是，全球一个个卫星星座计划诞生了，其中马斯克的"星链计划"是最大的卫星互联网的星座。

在不远的未来，由互联网、移动互联网、物联网、大数据及云联网，还有众多卫星和星座组网等形成的"天地一体化融合感知网络"将布局成功，这也象征着一个"天联网"的时代将正式到来。

从现在开始，数字化将是航天产业的超级机会，也是所有企业的机会，更是全社会、全人类的机会。天联网的数字信息化发展将首先促进基础设施的建设，更多的火箭将横空出世，更多的卫星将被发射升空，更多的人类会飞出地球，这也将是未来商业航天的大格局，将不断突破人类的认知，连接宇宙万态，连接你我的未来！

内容提要

本书从距离地球最近的月球的秘密开始说起，逐步深入时下最流行的探索火星的话题，结合航天科技的最新发现，重点突出了人类移居其他星球生存的困难与挑战，用宏观视野扎天文经典故事和地球人对太阳系乃至整个宇宙的发现和认识进行汇集，用人与飞行器的一些经历，站在微观的角度展示大航天时代的全新科研成果和科技智慧，为人们畅游太空提供更多的帮助。

本书共有6章，介绍月球和火星的知识、讲述天文时代的奇闻趣事，还展现了各种太空飞行器与大航天时代的紧密关联。有丰富的历史故事、真实案例、深度秘闻及前沿的科技应用，由浅入深地以地球为起点，逐步向外进行探索，通过这些鲜活的人物形象、故事趣闻、科研成果等内容，让更多人认识航天、了解航天、爱上航天甚至立志于航天事业。

本书内容翔实、案例丰富、幽默易懂，对于未来的地球演变和太空生活具有前瞻性的描述，特别适合广大航天爱好者、青少年读者尤其是中小学生阅读。另外，本书也适合作为素质教育机构的教材用书，或成为相关航天类研学旅行服务等从业者的工具书。

图书在版编目(CIP)数据

看见又看不见的太空 / 颜翔编著. — 北京：北京大学出版社，2022.7
ISBN 978-7-301-33083-8

Ⅰ.①看… Ⅱ.①颜… Ⅲ.①空间探索－普及读物 Ⅳ.①V11-49

中国版本图书馆CIP数据核字（2022）第096387号

书 名	看见又看不见的太空	
	KANJIAN YOU KANBUJIAN DE TAIKONG	
著作责任者	颜 翔 编著	
责任编辑	王继伟 刘沈君	
标准书号	ISBN 978-7-301-33083-8	
出版发行	北京大学出版社	
地 址	北京市海淀区成府路205号 100871	
网 址	http://www.pup.cn 新浪微博：@北京大学出版社	
电子信箱	pup7@pup.cn	
电 话	邮购部 010-62752015 发行部 010-62750672 编辑部 010-6257039	
印 刷 者	北京宏伟双华印刷有限公司	
经 销 者	新华书店	
	787毫米×1092毫米 32开本 9.5印张 268千字	
	2022年7月第1版 2022年7月第1次印刷	
印 数	1—4000册	
定 价	59.00元	